男孩，你要学会保护自己

朝歌 编著

北京出版集团
北京工艺美术出版社

图书在版编目（CIP）数据

男孩，你要学会保护自己 / 朝歌编著 . -- 北京 ：北京工艺美术出版社，2024.5

ISBN 978-7-5140-2766-2

Ⅰ . ①男… Ⅱ . ①朝… Ⅲ . ①男性－安全教育－青少年读物 Ⅳ . ① X956-49

中国国家版本馆 CIP 数据核字 (2023) 第 256705 号

出 版 人：夏中南
策 划 人：刘慧滢
责任编辑：秦德斌
装帧设计：韩海静
责任印制：王　卓

法律顾问：北京恒理律师事务所　丁　玲　张馨瑜

男孩，你要学会保护自己
NANHAI NI YAO XUE HUI BAOHU ZIJI
朝歌　编著

出　　版　北京出版集团
　　　　　北京工艺美术出版社
发　　行　北京美联京工图书有限公司
地　　址　北京市西城区北三环中路6号　京版大厦B座7层702室
邮　　编　100120
电　　话　(010) 58572763（总编室）
　　　　　(010) 58572878（编辑室）
　　　　　(010) 64280045（发　行）
传　　真　(010) 64280045/58572763
网　　址　www.gmcbs.cn
经　　销　全国新华书店
印　　刷　德富泰（唐山）印务有限公司
开　　本　710 毫米 × 1000 毫米　1/16
印　　张　14
字　　数　161千字
版　　次　2024年5月第1版
印　　次　2024年5月第1次印刷
印　　数　1～10000
定　　价　59.00元

前言

溺水、校园欺凌、沉迷网络、走失被拐……近年来，各种青少年安全事故频繁发生，给家庭、学校和社会蒙上了阴影。

来自生活中的伤害，看似属于意外，其实大部分是可以预防的。“授人以鱼，不如授人以渔。”守护孩子的安全不是要寸步不离，而是应该在孩子渐行渐远的成长中，教给他安全知识和技能，培养他独立生存的能力。

本书是一本送给男孩们的安全教育指南，对中小学生在各个场合可能会遇到的安全问题进行了总结，通过67个生动的案例（文中人名均为化名），引出各项安全注意事项，并给出了相应的处理方式，将身体安全、心理安全、校园安全、生活安全问题一次性讲透。

本书用孩子乐于接受的漫画形式，生动地展现了孩子日常生活中容易遇到的安全问题，让孩子在轻松的氛围中学习安全技能，加深对知识点的记忆。其中，“给男孩的贴心指南”板块，循序渐进地教给孩子应对危险的若干方法和技巧。在每节的末尾，还设置了“安全专家解惑时间”板块，对本节内容进行概括与解析，将安全意识更深刻地植根于男孩们的心中，让男孩在衣、食、住、行等方面学会保护自己，从而健康快乐地成长。本书语言通俗易懂，可读性强，提供的方法有效、实用，是孩子防范意外的实用读本。

生命没有如果，安全才有未来，希望本书能够成为男孩安全的金钥匙，帮助男孩树立安全意识，学会自我保护，提高应变能力，预防意外伤害。

目录

第 1 章　呵护不断变化的身体

第 2 章　强健体质，筑起健康“防火墙”

第 3 章 “叛逆”不是青春的“标配”

第 4 章 学会正确表达，远离心理问题

第 8 章　不追逐不打闹，危险动作不要做

第 9 章　远离校园欺凌，你应该知道的事

第 10 章　有出息的男孩，不沾这 5 种恶习

第 11 章　拒绝网络诱惑，谨防各类骗局

第 12 章　面对陌生人，不能太单纯

第 13 章　意外来临时，请保持镇定

第1章

呵护不断变化的身体

怎么突然变成“公鸭嗓”了？

最近，学校要组建一个合唱团，去市里参加合唱比赛，我毫不犹豫地报名了。我自信能被选上，因为我声音嘹亮清脆，常常在大合唱时担任领唱。然而选拔的时候，我才唱了几句，音乐老师就说我声音粗了点，不合适。

我仔细一听，发现我的声音不仅变粗了，还特别奇怪。我想起以前感冒的时候，声音也会变得低沉沙哑，吃几天感冒药就恢复了。于是，我立马跑去翻药箱。

等我为找到感冒药而高兴时，爸爸悄然无息地站在我身边。他看着我手里的药，皱着眉头问我哪里不舒服，是不是生病了。我仔细想了想，除了声音变粗了些，其他都正常。当我将我的“问题”告诉他后，他“扑哧”一声笑了出来，拍了拍我的肩膀，说：“你这不是生病了，是变成小男子汉了。”经过爸爸的解释，我才知道我的声音变粗是因为我在经历青春期的变声期。

给男孩的贴心指南

嗓音变化是青春期第二性征表现之一，变声期是指青少年的声音由童声变为成人声音的过程。变声期阶段，男孩的嗓音还没有完全定型，可能会出现声音嘶哑、音域变窄的情况，稍微控制不住音量就会破音，我们可能因此受到他人的嘲笑。但是，请你不要自卑，因为每个男生都会经历这一时期，而这也是由男孩成为男子汉的标志之一，变声期一般持续 1 ~ 2 年。

认识变声期

通常，男孩处于变声期时，声音沉闷沙哑，发声持久力差，发高音不稳定，经历变声期后，声音大多会变得低沉浑厚。变声期是正常的生理发育阶段，没有特殊情况，不需要治疗。当然，为了顺利度过变声期，你一定要注意保护好嗓子。

避免用嗓过度

变声期的喉头、声带都处在生长发育当中，当用嗓过度时，容易出现喉头发炎、声带肿胀充血等症状，从而影响嗓子的发育。所以，你要学会控制自己的情绪，避免因兴奋而引起的高声尖叫。此外，日常说话要注意把控时间，给予嗓子足够的休息时间。

注意饮食

变声期的整个咽部都很脆弱，容易受到一些食物的刺激。多吃水果、蔬菜，多喝温开水。少吃油炸、熏烤等过于刺激的食物。此外，日常饮食要注意冷热，因为过热或过冷的食物都会对咽部产生不利的影响。

安全专家解惑时间

通常，嗓音变化多在男孩 14 ~ 16 岁出现，男孩嗓音变化较明显。变声初期，因为年龄小，所以会格外在意声音的变化，担心被他人嘲笑。这个时候，你可以向父母提问，请他们解答你对声音改变的困惑。

变声中期，男孩声音的变化更明显，同时喉头进入发育阶段，逐渐长出喉结。这个阶段时常会出现声音嘶哑、咽喉干痒或咽部有异物感等现象。需要注意的是，这个时期的咽喉部位是最脆弱的，一不小心就会充血、发炎，严重时会导致失声或呼吸困难。所以，这个阶段的你一定要格外养护好自己的咽喉。

变声后期，这个时期男孩的喉头逐渐变宽，喉结凸出，声音也会变得低沉浑厚。度过了变声期，你就真的是一名男子汉了。

男孩都会经历变声期，具体什么时候经历，因人而异，有早晚之分。同时，变声期的声音、经历时长也存在着差异。当你的身边有人变声了，不要焦虑自己为什么还没变声，静静等待，你的变声期总会来到。

脖子上的小凸起是什么?

今年春节，表哥一家来我家做客。

表哥比我大一岁，可现在高出了我大半个头。他的声音变得低沉沙哑。我还在他的喉部发现了一块凸起物，每当他吞咽或说话时，这块凸起物会上下滑动，异常明显。我好奇地问他，表哥笑着说：“这是喉结！它是男人的象征！”我留意到爸爸和爷爷都有喉结，隐约明白了喉结是成年男性的特征之一，而我的喉结还没长出来。

我急得不行，总是不自觉地摸自己的喉部，有时还会捏一捏。忽然有一天，我发现喉部又红又肿，还有些痛。我告诉妈妈后，她立刻带我去医院检查。医生说：“你的喉结其实已经发育出来了，只不过还不明显。喉结是由多块软骨组成的，十分脆弱，用力按压可能会对其造成伤害。”

我不再担心了。过了一段时间，我惊喜地发现，我的喉结真的出现了，我也成了小男子汉了！

给男孩的贴心指南

当你长出了喉结，说明你真的长大了。青春期期间，你或许会发现别人的喉结大，你的喉结小得可怜。不必为此感到焦虑或自卑，因为每个人的体质、发育的程度都是不同的。

认识喉结

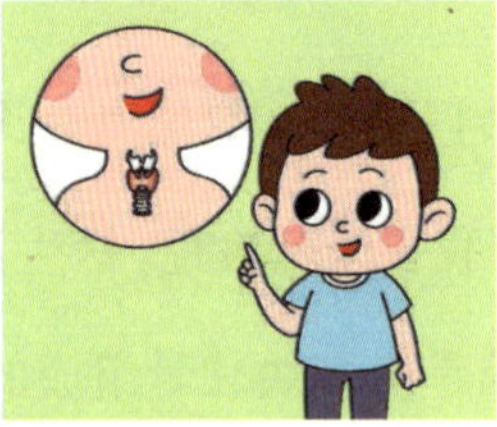

大多数人的喉咙由 11 块软骨组成，其中体积最大的一块为甲状软骨，喉结是甲状软骨的重要组成部分。喉结是青春期男性的第二性征之一，在雄性激素的作用下，甲状软骨向前突出，成为我们所看到的能够上下滑动的喉结。

不按压喉结

用力按压喉部的危害极大。你要知道，人的喉部是由软骨组成的，正在发育的喉软骨是极其脆弱的。胡乱按压喉部，轻则会让喉部充血肿大，出现炎症，重则会令软骨骨折，可能导致窒息。因此，不要用力按压喉部。

不乱服用药物

什么时候长喉结，喉结能长多大，这些都因人而异。所以，不要为你的喉结的迟到而焦虑，更不能为此胡乱服用药物，因为这对你的身体有百害而无一利。如果你真的迟迟未长出喉结，可以去医院检查，在医生的指导下用药。

保持健康的生活方式

青春期期间，你的生长发育情况受到饮食、作息、运动等多重因素的影响，如果你能多吃高蛋白食物、保证充足的睡眠、加强体育锻炼等，身体就能发育良好，这意味着喉结也能发育完善。

安全专家解惑时间

长出了喉结，意味着你已经进入了青春期。随着喉结的发育，你的身体会相继出现一些变化，如汗毛变粗、长胡子、声音变粗、肌肉变得结实等，不要为此大惊小怪，因为这些都是你成为一名真正男子汉的标志。

其实，不只男生，女生也会长喉结，只不过女性体内雄性激素少，喉结发育得不明显。当男生体内分泌雄性激素较少时，喉结也会不明显。

青春期长胡子，可以拔吗？

早上洗漱的时候，我忽然发现嘴巴周围长出许多小黑点，爸爸说这是要长胡子了。过了几天，我的胡子真的长了出来，嘴角两边的胡子长得最密集。

我心里很别扭，因为据我观察，我们班只有我一个男生长出了胡子。到了学校，眼尖的小鹏发现了我的胡子，他笑得前俯后仰："你这张稚嫩的脸配上细细的小胡子，真是太奇怪了！"

说者无心，听者有意。我对我的胡子更加耿耿于怀了。回到家后，我找了一把镊子，对着镜子拔起了胡子。妈妈看到后，连忙大声制止："住手！胡子不能拔！"我吓得赶紧放下手上的镊子。

妈妈严肃地告诫我："拔胡子可能会引起毛囊感染。刚长出来的胡须不明显，一般不用处理，过两年你就可以用剃须刀剃胡子了。"妈妈的话吓得我出了一身冷汗，为了身体健康，我还是接受胡子给我带来的烦恼吧！

给男孩的贴心指南

对青春期的男孩来说，白净的脸上突然长出了胡子，乍一看会觉得别扭，随着胡子越长越长，颜色越来越浓，就想除之而后快。可你知道吗？长胡子是男性第二性征发育的标志之一，是一种正常现象。所以不必为你的胡子感到烦恼，试着快乐地接受它吧！

认识胡子

胡子，也称胡须，男性的胡子生长在上唇、下巴、两腮等地方。胡子是毛发的一种，它的结构与身体其他部位的毛发相同：露在皮肤外的部分为毛干，埋在皮肤内的部分为毛根，包裹毛根末端的袋状结构为毛囊。

不要拔胡子

拔胡子极易损伤面部皮肤、毛囊和相邻的皮脂腺。这些伤口很容易被细菌入侵，引起毛囊和皮脂腺发炎。另外，上唇部位的胡须属于面部“危险三角区”，这个区域内如果发生感染，细菌容易进入血管，引起败血症。如果蔓延到颅腔内，可能会引起脑膜炎。所以，千万不要去拔胡子。

不要随意刮胡子

青春期的毛囊正在发育中，长出来的胡子又细又软，不正确的刮胡子方式极易造成毛囊损伤。如果你的胡子太长或者太多了，你可以在监护人的指导下使用剃须刀，根据胡须的生长速度进行清理。

清洁胡子

胡子越长越多，越长越长，就可能藏污纳垢，比如食物的残渣，飘浮在空气中的细菌和灰尘，都有可能钻入胡子中。如果你没有做好清洁工作，那么可能会造成毛囊和皮肤的感染。所以，当你长出了胡子，既要勤快清洁，又要清洁到位。

安全专家解惑时间

与喉结一样，胡子也是男性第二性征的表现之一。男孩进入青春期后，体内分泌大量雄性激素，开始长出胡子。

有研究表明，胡子的疏密与遗传、饮食习惯、作息习惯以及高频率碰触毛囊等因素有关。如果你不想有一脸茂密的胡子，可以在青春期里注意饮食。此外，早睡早起能够保持体内雄性激素水平的稳定。

你不用太在意你的胡子，因为长胡子是一种正常的生理现象。事实上，女孩也会长胡子，只不过女孩体内雄性激素少，长出来的胡子不明显。所以，对于人人都会生长的东西，有什么好烦恼的呢！

脸上的青春痘，到底能不能挤？

周末的早上，我的额头上突然长出了一个青春痘，用手按压时会痛。我急着和朋友去游乐场玩，所以暂时把这颗青春痘抛在了脑后。

玩了一天，我精疲力尽。回到家后，我懒得去洗漱了，直接躺在床上睡着了。第二天，我额头上的青春痘不仅变大了，还又痛又痒。我对着镜子，发现痘痘上冒出了白色的尖尖，便用手去挤。痘痘被挤破了，但是它好像变得更大了。

周一的早上，我惊恐地发现，我的额头又冒出了三颗新痘痘。我依然没有忍住，把它们通通挤破了。到了教室后，同桌李明指着我的额头，满脸诧异地问我："你是不是挤痘痘了？"

我点点头说是。李明向我传授他的抗痘经验："痘痘是不能用手挤的，不然不仅会长出新的痘痘，还会留下疤痕。你只要认真清洁皮肤，做到饮食清淡，作息规律，痘痘就会慢慢消失。"后来，我按照他说的去做。果然，青春痘成了我脸上的过客，消失得无影无踪。

给男孩的贴心指南

当你的脸上冒出了青春痘时，请不要为此感到烦恼。它不是“不治之症”，只要用积极向上的心态去对待它，再用正确的方法去护理它，那么青春痘只会在你的脸上停留一段时间。

不要用手挤痘痘

当你的脸上长痘痘了，请不要用手去挤，因为痘痘被挤破后，手指上的细菌，可能会造成细菌感染，并留下很难消除的痘印。更重要的是，如果挤的痘痘位于面部“危险三角区”时，细菌可能会顺着发达的血管抵达颅内，导致脑炎、脑膜炎。

不乱用化妆品

长了痘痘的皮肤是敏感、脆弱的，乱用化妆品可能会引起过敏反应，还可能造成皮肤感染。所以，建议你在医生的指导下使用化妆品。

饮食清淡、作息规律

在长青春痘期间，常吃油腻、辛辣、高糖的食物，会使皮肤分泌更多的油脂，同时也会刺激激素的增长，让皮肤变得更加脆弱。此外，作息不规律也会使体内的激素失衡。所以，你需要调整饮食，多吃些清淡的食物，也不要熬夜，养成早睡早起的好习惯。

保持乐观心态

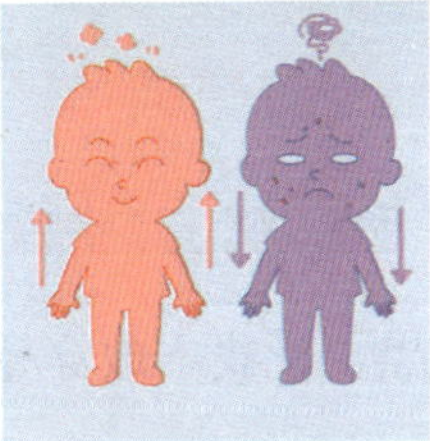

有研究表明，焦虑、紧张、烦躁等消极的情绪可能会造成激素失调，从而引发痘痘。所以，当你脸上长出第一颗青春痘时，要迅速调整情绪，用乐观的心态去对待它，或者将注意力转移到其他有意义的事情上。

安全专家解惑时间

青春痘又称为痤疮，它是一种毛囊皮脂腺的慢性炎症。通常，青春痘多见于青少年面部。这是因为进入青春期后，人体内的雄性激素升高，促使皮脂分泌过多，造成毛囊堵塞，滋生大量细菌，最终发展成炎症，成了青春痘。

青春痘不单单长在面部，也会长在胸前、背部，对于眼睛看不到的地方，稍不小心就会抓破，造成更大面积的感染。所以在洗澡、挠痒时，要格外小心。

青春期里，不是每个人都会长青春痘，这与遗传因素、个人体质有关。每个人长痘的周期也不同，有的人的痘痘匆匆而过，有的人的痘痘迟迟不走。对于后者这种情况，需要及时去医院治疗，只有找到持续长痘的原因，才能根除。

身上怎么长了这么多毛？

说起来真让人烦恼，也就最近几天，我的身上长出了许多毛毛，腿上、胳膊上、腋窝，甚至那个最私密的地方也长了不少。这些毛毛又长又黑，让我不敢穿篮球衣了，不敢上公厕了，生怕别人看到我的毛毛后取笑我。

恰好洗澡的时候，我看到了爸爸的刮胡刀，我就用它把身上的毛毛通通刮干净。让我意想不到的是，仅仅过了几天，我刮掉的毛毛又长了出来。几天过去，它们长得更茂盛了。

后来，爸爸发现了我刮落在浴室的“漏网之毛”，他哭笑不得地问我为什么要刮毛毛。我红着脸支支吾吾说不出个所以然来。他拍了拍我的肩膀，安慰我说：“不要觉得害羞！长毛可是男子汉的象征之一！不过，我们的毛毛是不能乱刮的哟！”

从爸爸的口中我才知道人身上的毛毛有保护身体的作用，它们既能防止细菌的侵袭，也能保护皮肤不受摩擦。

给男孩的贴心指南

青少年时期是人生长发育的重要时期，也是一个人各方面成长的黄金时期。每个人都要经历青春期，不过有的早有的晚，每个人身体上的变化可能和其他人不完全一样。

体毛是分布在人体表面的毛发的总称，包括头发、眉毛、胡须等，也包括阴毛、腋毛、腿毛、胸毛、手毛等。

通常来说，每个人都会长体毛，只不过有疏密之分。而体毛的疏密会受遗传基因、激素等诸多因素的影响。所以，与其烦恼体毛的多与少，不如去提升自己的能力。当你足够自信了，就懂得欣赏自己了。

不随意脱毛

进入青春期后，男孩女孩的身体会进入快速发育阶段，体毛也跟着生长。尤其是男孩，体毛会更黑更密，有些人也因此萌生了脱毛的想法。然而青春期是不适宜脱毛的，因为这一时期毛发的生长很活跃，脱毛后会长出更加浓密的毛发。此外，身体各部位的毛发有不同的作用，随意脱毛会影响身体健康。

不用刺激性手段除毛

不可以用手、镊子去拔体毛，因为体毛与胡子有着相同的结构，拔毛会令毛囊和皮肤受损，继而可能发生感染。同时，也不能乱用脱毛产品，因为许多脱毛产品都含有刺激性成分或激素，可能会令皮肤感染炎症，也可能让体毛疯长。

如何正确除毛

如果医生要求剔除毛发，那么青少年需要在监护人的指导下谨慎操作。首先，要顺着体毛生长的方向去除；其次，除毛后要做好皮肤清洁；最后，除过毛的皮肤可以涂抹一些润肤产品。

安全专家解惑时间

相较于女孩的体毛，男孩的体毛颜色较深且更为粗密，这是因为男性体内雄性激素多，能促进毛发的生长。体毛遍布人的全身，甚至连私密部位也会长。体毛也是男性第二性征的表现之一。

体毛作为皮肤的附属器官，有诸多作用。比如，体毛可以保护皮肤、防止尘土侵袭，让皮肤保持清洁，还可以减少衣物对皮肤的直接摩擦。汗毛是汗腺的出口，汗液从汗毛口排出的同时，也带走了很多热量，可起到调节体温的作用。此外，体毛还有保暖防寒的作用。

孩子，在知晓体毛用处如此之大后，你还会为长出体毛而烦恼吗？你需要明白，体毛是人体进化的结果，你需要学会接受它。

第2章

强健体质，筑起健康“防火墙”

安全教育，从保护好身体开始

爸妈因为工作忙，没有时间照顾我，就把我送去姑姑家住一段时间。我有大半年没见过她了，忽然发现姑姑爱唠叨了。

我戴着耳机听音乐，她说耳机里的声音太大了，她都能听到，让我把耳机的音量调小点，不然对耳朵不好。去客厅看电视，她见我距离电视很近，就一个劲儿地让我坐远点，说离近了对眼睛不好。吃完甜点后，她再三嘱咐我睡前要好好刷牙，不然会患上龋齿。晚上我躺在床上看书，她又说我的这个姿势对脊柱不好，让我去书桌旁坐着看。

到了暑假，在外地上大学的表哥回来了，见到他后，我才想明白姑姑为什么变唠叨了。因为我的表哥近视了，他的背挺不直了，听力也下降了很多。

表哥告诉我，他在外地上学的大半年，每天都会躺着看书，喜欢躲在被窝里玩手机，喜欢把耳机的音量调高，这些不好的行为习惯导致他的身体出现了各种问题。看到表哥痛苦的样子，我心里一阵后怕，为了我的身体健康着想，我要改掉我的坏习惯。

给男孩的贴心指南

当身体遭受一些小伤害时，能够自行恢复，但身体一旦遭到的伤害过大，就难以完全恢复了，还可能留下后遗症。你未来的路能够走多远，这与身体的状态息息相关。所以，你一定要有保护身体的意识。

正确用眼

在阅读、看电视时，要注意距离和光线明暗，杜绝不良的用眼习惯，比如不在走路的时候看手机，不在晃动的车上看书。在连续用眼一段时间后，要让眼睛休息一下，你可以看看远处的风景，也可以做一套标准的眼保健操。

好好刷牙

保持良好的口腔卫生习惯是预防青少年牙龈炎的有效措施，建议：及时刷牙，正确刷牙，勤换牙刷。需要注意，过度刷牙会损伤牙齿，可以用温水或淡盐水漱口。饮食上切记不吃过冷、过热的食物，不咀嚼过硬的食物。

保护耳朵

如果耳朵长时间处在高分贝的环境中，是会受到损伤的，最直接的后果是听力下降。如果你时常佩戴耳机，请把耳机的音量调整到与正常人说话的音量相当的程度，并且每半个小时就要让耳朵休息一会儿。在游泳、洗澡的时候，要做好防护。

保持正确体态

弯腰驼背是长期的不良姿势造成的，不光影响形体美，还影响身体正常发育。你需要矫正姿势，走路的时候要抬头挺胸，坐下的时候要姿态端正，写字、看书的时候不过分低头、不趴在桌子上。此外，不睡影响骨骼发育的软床，多做锻炼腰背肌肉、促进骨骼发育的运动。

安全专家解惑时间

孩子，你知道吗？拥有一个健康的身体实在太重要了！不管你做什么事，都离不开身体的参与。健康的身体能提高你做事的效率，让你事半功倍。健康的身体会让你更加阳光、自信，在面对困难或新事物时，勇往直前。

适当的体育锻炼不仅能够促进骨骼生长、强身健体，还有助于塑造青少年顽强拼博的精神、团结合作的意识。

身体是你这辈子最大的财富。从现在起，你要关注自己的身体，困了就要好好休息，饿了就要好好吃饭。

调整生物钟，保持规律作息

暑假期间，爸爸妈妈要去外地出差，请奶奶照顾我。奶奶特别宠我，从不约束我。前段时间，我迷上了一款新游戏，为了升级，我已经连续多日打通宵，每天都会在天蒙蒙亮时才倒头大睡，直到日上三竿才起床。

这天早上，好朋友石头打来电话，约我打篮球。我想也没想就同意了。石头见到我时满脸惊讶地说："你的黑眼圈怎么这么重？都快赶上大熊猫的黑眼圈了！"

我急着上球场展现球技，就敷衍地回了句熬夜打游戏了。然而，比赛没打多久，我明显感到体力不支。更重要的是，每次队友传球给我时，我的反应都会慢上半拍，甚至有几次，我误将手里的球传给了对手。投篮的时候，我明明瞄准了篮筐，可篮球偏偏和我作对似的，每次都与篮筐擦边而过。

比赛结束后，石头担忧地对我说："长时间的作息不规律不仅会使体质变差，还会导致注意力不集中。"我仔细想想，确实是这样。后来，我接受了石头的建议，不再日夜颠倒，保持规律的作息时间，不知不觉中我的精力又回来了。

给男孩的贴心指南

一本好看的书、一部精彩的电影、一道有趣的难题，都有可能诱惑你很晚才入睡。偶尔几次作息不规律影响不大，但长时间的作息不规律，不仅会影响身体健康，还会影响你做事的效率。所以，保持规律的作息很有必要。

认识生物钟

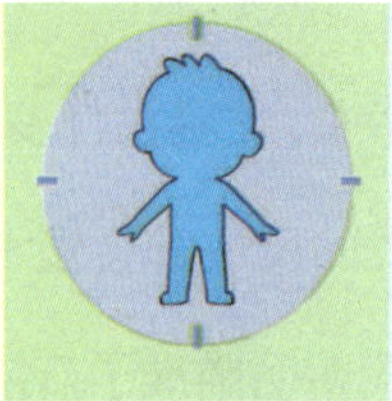

生物钟是决定生物生命活动节律的内在定时系统。生物钟很神奇，你的昼夜作息、饮食习惯等，都受它的影响。长时间的作息不规律，会导致生物钟紊乱，继而造成睡眠障碍、身体机制不能正常运行、日常活动效率低等问题。所以，你要保持规律的作息，使生物钟正常运作。

睡前不剧烈运动

在恰当的时间点运动，其实是有助于睡眠的。但是，在临睡前进行剧烈运动，却可能会使你陷入失眠状态。这是因为剧烈运动会让身体处在兴奋当中，很难进入睡眠状态。所以，你要合理安排运动时间。

不刺激交感神经

当人身体内的交感神经处在兴奋状态时，就会出现失眠现象，睡前看恐怖片、听动感的音乐、阅读伤感的文章、胡思乱想等，都会刺激交感神经。因此，你要为自己创造一个良好的睡眠环境，保持情绪平稳，有助于快速入睡。

制定作息时间表

很多时候，你作息不规律，可能是因为没有制定作息时间表，而有时睡得很早，有时睡得很晚。从今天起，建议你结合自身情况，制定作息时间表，明确规定自己在几点钟睡觉，在几点钟起床。严格执行作息时间表，用不了多久，你就能养成早睡早起的好习惯。

安全专家解惑时间

通常，青少年在睡眠问题上会出现两个极端：一是失眠，二是睡不醒。失眠的原因有很多，如身体和心理上的变化、学业上的压力、人际交往的困扰等。如果你也存在这样的情况，一定要找到原因，再对症下药。你可以自我调解，也可以向他人倾诉或寻求帮助，不让心里积压情绪，从而影响到睡眠。

睡不醒，其实就是早上起不来。原因可能是睡得晚，因此要调整作息时间，晚上早点入睡。也可能是因为自身的睡眠功能紊乱，多晒太阳、多运动，严格执行作息时间表，都有助于改善睡眠功能。

青春期正是长身体的时期，睡眠时间、睡眠质量直接影响青少年的生长发育。所以，你每天都要保证充足的睡眠，不熬夜，多休息。

适当运动，强身健体

暑假一晃而过，我一踏入教室，同学们纷纷用诧异的眼神看着我，尤其是我的同桌小欧，他惊讶地对我说："一个假期不见，我差点儿没认出你。你怎么从一个瘦瘦高高的大男孩猛地变成了一个大胖墩了？"

同学们的眼神令我很不自在，但我也没想太多。

那天，我们去操场上体育课，老师让我们跑四百米。从前，我能"一口气"跑完，但现在，我跑了不到一百米就累得气喘吁吁，满头大汗。跑到两百米时，我忽然头晕眼花，瘫倒在地。我的状况吓了小欧一跳，他连忙将我扶到阴凉处休息，过了好一阵儿，我才恢复过来。

小欧说我是长时间的不运动，才导致身体素质下降的。为了帮助我塑造一个健康的体魄，他主动请缨当我的教练。他先让我调整饮食，吃健康食品，然后每天陪我运动。一段时间后，我真的瘦了，我的身体也变得健康了，性格也开朗自信起来了。

给男孩的贴心指南

俗话说得好，身体是革命的本钱。不管你要做什么事，都必须依托一个前提条件，就是要有一个健康的体魄。否则，再伟大的梦想、再重要的事都很难完成。身体就像是一台机器，越不运转，越迟钝。只有适当运动，才能提高身体素质，让你拥有一个健康体魄。

选择合适的运动项目

运动项目有很多种，但不是每一项运动都适合你。你需要根据自身情况，比如身体素质、居住环境等因素，选择适合自己的运动项目。运动最忌讳的是三天打鱼，两天晒网。唯有坚持，才能练就一个强健的体魄。

正确运动

不管何种运动，都不能盲目进行，否则会伤害身体。比如跑步，需要穿一双舒适的运动鞋，跑之前要热身，先慢跑再逐渐加快速度，跑完后还要做拉伸等。在进行一项运动时，要先了解正确步骤和注意事项。

控制运动量

运动初期，很多人都想立刻看到效果，以至于拼命地锻炼，全然不顾身体能否吃得消。你需要明白，运动是需要循序渐进的。你要根据自身情况决定运动的强度和时间，切记不能无节制地锻炼。

坚持运动打卡

运动不能心血来潮，应该持之以恒，所以很有必要制订一个运动计划。建议在计划中明确一周运动几次，在什么时间点运动，运动量多少，等等。每次完成计划，可以记录下来，也可以记录身体的变化，以此鼓励自己坚持下去。

安全专家解惑时间

你是否会因为作业多就不再运动了呢？不可否认，学习很重要，但学习犹如一场马拉松，在考验你的耐力的同时，也在考验你的身体素质。

你知道吗？长期缺乏运动的后果是可怕的，那会令你的身体素质变差，这意味着你的免疫力降低了，容易生病。同时还会影响生长发育，令你的身材瘦弱矮小。如此看来，将运动的时间用来学习是一笔很不划算的交易。事实上，运动花不了多少时间。你只需每天抽出半个小时去运动即可，比如可以在看书看累了的时候跳一会儿绳，在放学路上慢跑，等等。

孩子，有了强健的体魄，你才能去做你想做的事，才能去实现你的梦想。所以，从现在开始，赶紧运动起来吧！

强健体魄，不做“纸片男孩”

体育委员李良提议周末一起去爬山。我见室外烈日炎炎，本想拒绝，这时，心直口快的赵燕将李良拉到一旁，小声嘀咕：“你干吗邀请他呀！他夏天怕热，冬天怕冷，比我们女孩子还娇气！”为了证明我自己，我立即表示要参加。

周末的太阳光不算太强烈，我撑着一把遮阳伞向山上走。坡越来越陡，遮阳伞不仅重，而且影响我的视线，于是我默默地将伞收进了背包。

我平时很少晒太阳，只晒了半个小时，我的脸颊就红通通、火辣辣的，再加上腰酸背痛，可以说每走一步都是煎熬。最终，我顾不上脸面，坐在地上大口喘着粗气。赵燕不禁哈哈大笑起来，说：“看看，你还没我们女孩子有毅力呢！”

赵燕的话让我恨不得找个地缝钻进去。之后，我不再抗拒体育活动，经常和同学们一起打篮球、踢足球。放假了，我还主动报名参加户外活动。渐渐地，我的皮肤变成了小麦色，细瘦的胳膊上有了肌肉，大家都说我是个小男子汉了。

给男孩的贴心指南

同样处在青春期，男孩们展现出来的风采各有各的不同。有的人挺拔阳光，好似一座小山；有的人瘦弱单薄，好似“纸片人”。男孩子缺乏阳刚之气，其实是众多因素共同作用的结果，通过加强训练，是能拥有阳刚之气的。

学会独立

在生活中，你要戒掉自己的依赖心理，不要事事依赖父母、同学和朋友。你要学会自己的事情自己做。在面临选择的时候，也要学会自己拿主意。你的一次次尝试，都能使你进步，帮你成长为独当一面的小男子汉。

结交男子汉

真正的男子汉乐于助人、待人真诚，遇到困难有担当，碰到问题不逃避，具有优秀的品格。如果你结交的朋友是一群男子汉，你会潜意识地学习他们的优点，渐渐成为和他们一样的人。

练就男子汉体格

男子汉热爱阳光，喜欢在户外活动，所以你不要总宅在家中，要多出去走走。常晒太阳不仅能让你变得阳光开朗，还能促进你的身体生长发育。男子汉的身形壮实挺拔，充满了力量感，因此你要适当锻炼，练就男子汉的体格。

安全专家解惑时间

你知道吗？男孩缺乏阳刚之气是长时间形成的结果。

如果家人对男孩过分宠爱，可能会令他丧失独立能力，变得遇到困难就退缩。社会中也有多种因素会使男孩变得阴柔，比如，有的青年男性公众人物浓妆艳抹，给分辨能力较差的男孩造成不良影响。

孩子，拥有男子汉的阳刚之气需要经过一个漫长的过程。在这个过程中，你要不断提升自己的独立能力，也要锻炼出一个强健的体魄，成长为家中的小顶梁柱。

好好吃饭，打造好身体的基础

今天，学校组织我们体检。排在我前面的是赵明，他今年 14 岁，虽然瘦了点，但身高快 160 厘米了，没想到医生诊断他营养不良。

赵明自己也想不明白，他每天都喝牛奶，也吃肉和蔬菜，怎么会营养不良呢？医生却说他干瘦的身体、蜡黄的面色、分叉发黄的头发都是营养不良的表现，而这些问题可能是挑食造成的。我仔细想了想，赵明确实有挑食的毛病，他从不吃胡萝卜、芹菜、韭菜等蔬菜。

轮到我的时候，我信心满满。我 155 厘米的身高、44 千克的体重，只会营养过剩。没承想，医生也说我营养不良。他说我的胖是虚胖，而我干燥的皮肤、精神不振的模样都是营养不良的典型表现。

可我从不挑食啊！医生说，你可能是偏食。没错，我很喜欢吃汉堡包、比萨和油炸食品，一个星期至少要吃 3 次。从医生的口中我还了解到，饮食不均衡除了会影响生长发育，还会造成免疫力低下、思维迟钝、浑身乏力等症状，严重点可能会危及生命。

给男孩的贴心指南

即使是一些体型匀称的人，如果挑食、偏食也会营养不良。为了以后有一个健康的身体，正处于青春期的你，一定要改掉不良的饮食习惯。

饮食均衡

青春期是长身体的关键阶段，需要补充各种营养，所以饮食一定要多样化，肉、蔬菜、水果、坚果、谷物等都要摄入。需要注意，不能喜欢的食物就多吃，不喜欢的就少吃，只有每种食物都均衡摄入，才能使身体健康成长。

远离垃圾食品

垃圾食品指高油、高糖、高盐的食品，这类食品具有热量高、营养低的特点，长期食用可能会导致营养不良等问题。这类百害而无一利的食品，一定要远离。

定时吃饭

一日三餐，应做到定时吃饭，尽量将每餐的时间间隔误差控制在半小时内。三餐的要求是不同的，要遵循“早吃好、午吃饱、晚吃少”的原则。三餐中间可以吃些水果或健康有营养的零食。

不乱补充营养

通常饮食均衡，就不需要额外补充营养了。如果你出现了营养不良的症状，也不要乱补充营养，应该先去医院检查自己的身体缺乏什么，在医生的指导下补充营养。

安全专家解惑时间

青春期里，你除了要多吃钙、蛋白质、维生素含量较丰富的食物，还要补充各种微量元素。因为一旦某种元素摄入不足，可能会给你的身体带来危害。

如果缺铁，身体就无法合成足够的血红蛋白，导致贫血；如果缺钙，可能会导致骨骼发育异常；如果缺锌，可能会导致生长发育迟缓。

孩子，好好吃饭也能打造好身体，所以你要合理饮食、健康饮食。

第3章

“叛逆”不是青春的“标配”

“弹泪”未必不男儿，向父母诉苦不丢人

最近，我们班转来一个新同学，打篮球非常厉害，很快我与他就玩在了一起。

我们学校的校篮球队是有名额限制的，不久之前，一位学长转学了，空出了一个名额，教练推荐了我。没想到，他竟然来和我竞争这个名额。

这件事情让我非常愤怒，我开始找他的麻烦。身边的同学朋友都来为他说话，劝我大度一点，说每个人都有资格竞争这个名额，新同学并没有做错什么。

我有时也觉得自己很“小心眼儿”，但心里又感到很委屈，不知道该怎么办，只能把所有情绪都憋在心里。

大概是察觉到我的异样，周末的时候，爸爸突然带我去球场打球，并和我进行了一番谈话。我没忍住，委屈地哭了，我把这件事告诉了爸爸，诉说了心中的愤怒。那天，在爸爸的开导下，我的心里没那么难受了。我发现，当自己有无法排解的情绪时，向父母“诉诉苦”或许能有意外的收获！

给男孩的安全指南

很多男孩在成长过程中，不习惯向父母诉苦，哪怕遇上难以解决的事情，也习惯自己去“扛”，仿佛只要开口向父母诉苦，就有损自己的尊严和骨气。实际上，向父母诉苦并不是什么丢脸的事，别忘了，“男儿有泪不轻弹”之后，还有一句“只因未到伤心处”呢。

哭泣不代表软弱

哭泣是一种自然的情绪表达，也是一种健康的情绪反应。适当的哭泣能帮助人们减轻压力，释放痛苦，排解负面情绪。当你因为负面情绪而哭泣时，并不意味着没有勇气或能力去面对困难与挫折。相反，哭泣可以帮助你更快、更好地稳定情绪，从而让你更加理性客观地去思考和理解自己的需求。

所以，男孩不要因为流泪而感到屈辱。因为任何人都有情感脆弱的时候，任何人也都有寻求安慰和支持的权利。

适当诉苦能拉近亲子关系

当你向父母诉苦的时候，实际上也是在同步表达你对父母的信任与依赖。这样的沟通方式，能让父母有机会更深入地了解你的内心世界，而你也能够从父母的反馈中理解他们的想法与感受，从而拉近彼此的关系。

重点在“诉”不在“苦”

在向父母诉苦时，一定要记住，重点在“诉”不在“苦”。你需要向父母表达你内心的情感与需求，而不是毫无意义、喋喋不休地抱怨自己的痛苦和困境。抱怨，毫无价值，对你一点帮助都没有。

安全专家解惑时间

很多男孩，尤其是处于青春期的男孩，似乎都不喜欢和父母沟通。这其实不难理解，处于这一阶段的男孩，正处在追求独立和自主的时期，总是希望能够表达自己的观点，证明自己有能力处理问题。

但是，男孩，你要明白在这个世界上，与你最亲近、对你最了解，同时也最能够毫无保留为你付出、为你考虑的人，就是你的父母。他们是你成长道路上的引路人和帮扶者，是你最坚实的依靠。

所以，不要因为内心的不好意思，就拒绝父母的帮助和靠近；不要因为相信“男儿有泪不轻弹”，就拒绝表达自己的情绪。及时沟通，向父母请教，可以解决你很多问题与苦恼。更何况，父母宝贵的人生经验和人生智慧，都是非常值得你借鉴的。

穿奇装异服其实并没有那么酷

大年初一，大家都穿上了新衣服。男生的衣服款式一般比较简单，不是运动服就是牛仔服，但是今年妈妈给我准备的，是一件帅气的皮夹克。

我本想炫耀一番，但见到同学小白的时候，我就惊呆了。他的新衣服是一件非常奇怪的衬衫，前面的纽扣歪歪扭扭，袖口和领口还有层层叠叠的蕾丝边，特别夸张。

小白一脸自豪地说："这是我自己选的，动漫里的吸血鬼伯爵同款！酷炫吧！"

一路上，小白收获了超高的回头率，我的皮夹克都被衬得平淡无奇了。

回家后，我怎么想都不服气，软磨硬泡向妈妈要压岁钱，我要自己去挑选喜欢的衣服。为了"压倒"小白，我绞尽脑汁，买了一条十分酷炫、全是破洞和奇怪涂鸦的牛仔裤。

当我兴高采烈地穿着这条牛仔裤，准备去爷爷家拜年时，突然听到邻居家的男孩跟他奶奶说："哇，乞丐哥哥好可怜啊，他的裤子又破又脏……"

我顿时羞红了脸，突然觉得这条裤子似乎并没有那么酷了……

给男孩的贴心指南

很多男孩在青春期，喜欢追求个性、时尚甚至是另类，他们通过标榜自己的与众不同来寻求社交认同，比如穿奇装异服、染发、戴夸张的饰品等。

对于男孩来说，青春期是一个自我认知和身份探索的阶段，大家都希望自己看起来与众不同。但上面那些行为不是真正的个性，也没有你想象得那么酷。这样的行为也只会让你显得幼稚可笑。

正确地寻求关注和认同

穿着奇装异服，可以从视觉上形成一种冲击力，第一时间吸引别人的注意力，而这正是许多青春期男孩最渴求的。但是，通过奇装异服来寻求关注和认同的方式是错误的，你需要展示自己的性格、能力以及素养，这样才能被注意和认同，获得他人的赞赏与喜欢。

建立正确的审美

很多处于青春期的男孩，已经开始关注自己的外貌和身体形象，但与此同时，他们还未建立起成熟的审美观，所以会错误地选择奇装异服。因此，男孩，你应该多学习、多观察，建立高雅成熟的审美观，打造最适合自己的形象。

不要为了叛逆而叛逆

对于男孩来说，穿着奇装异服，象征的是对传统、父母的反叛，是在向人们展示自己的非凡和与众不同。很多男孩为了叛逆而叛逆，为了独特而独特，以至于身心健康受损。所以，男孩，你要学习正视自己，正确看待自己与父母、师长以及这个世界的关系，不要为了叛逆而叛逆。

安全专家答疑解惑

穿着打扮固然可以彰显个性与品位，但如果你只是为了追求独特和叛逆而选择奇装异服，而不是发自内心地喜爱和欣赏，那么完全没有必要通过这种肤浅的方式来表达自己。

真正的个性是内在的品质与行为，而不是你穿了什么，如何打扮。所以，相比盲目的叛逆，男孩更应该学会找到真正适合自己的风格，建立成熟的审美观。同时，你还需要记住，真正适合你的穿着打扮，肯定能让你感到舒适、自信，从而展现出你的独特魅力。为了叛逆而追求另类，为了迎合所谓的潮流而忽视自己真实的想法，只会让自己成为笑料。

独立不等于事事和家长对着干

一个月前，我和朋友乐凡在回家途中发现一家新开的游戏厅，我们偷偷约好周末一起去玩。周末那天我出门的时候告诉我妈，我和同学约好一起去书店。结果，没想到我们进游戏厅的时候，恰好被我妈看见了，她二话不说，大庭广众之下揪着我的耳朵，把我拎出了游戏厅。

对于偷偷去玩游戏，我原本是有些内疚的。但我妈竟当众把我揪出来，这也太不给我面子了！我都多大的人了！

怀着一种叛逆和执拗的情绪，在之后的一个月里，我每天都和我妈对着干。她不让我去游戏厅，我偏要天天去，还会故意让她发现端倪。她越是愤怒，我就越是变本加厉，有几次甚至还逃了课。

几天前，我妈又到游戏厅找我，我挑衅地看着她，脚都没挪一步。但这次，她没有骂我，只是强忍着眼泪说："算了，早点回家吧。"看着她离开的背影，我并没有获胜的喜悦，反而心里闷闷的，觉得自己的行为愚蠢又幼稚。

给男孩的贴心指南

很多男孩在进入青春期后，会进入自我意识觉醒的阶段，开始渴望独立，想要获取更多“权利”。而在家庭中，掌握权利最多的就是父母，因此很多男孩会下意识地以为，想要独立，就得对抗家长。但实际上，这样的想法是错误的，独立不等于事事都和家长对着干。一味与父母对抗，不仅无法真正独立，还将害了自己。

认真倾听父母的想法

沟通和理解应该是相互的，你希望得到父母的尊重与理解，也应该给予父母同样的尊重和理解。你要学会认真倾听他们的想法，这样你才能真正做到换位思考，了解父母种种行为背后的缘由。也只有这样，你才能更加精准地把握问题的关键，来说服他们接受你的意见与想法。

学会自主思考和决策

真正的独立，不是行动上的刚愎自用，而是获得自主思考和做出决策的能力，并能为此承担责任。而且，自主思考和决策，并不意味着就要完全排除家长的意见，而是应当结合家长提出的建议，综合考虑，理性判断，然后做好自己的事情。

让父母看到你的变化

不需要去和父母抢夺“权利”，只要你能让他们看到你的成长与变化，他们自然就会把“权利”交到你的手中。但如果你只会在嘴上叫嚣，用幼稚的叛逆行为去彰显“个性和独立”，那只会让父母更加不放心，不愿意放手。

安全专家答疑解惑

随着年龄的增长，男孩的自主意识开始觉醒，尤其是进入青春期之后，男孩产生强烈的追求独立和自主的渴望。在这样的状况下，孩子与父母对着干就成为一种表达自我和争取独立的方式。

同时，随着年龄的增长，男孩也在发展自己的人生观，尤其是当男孩发现自己对自我的认知与建设，似乎与父母的观点与期望有所不同时，冲突和对立就产生了。为了确保自己的“胜利”，男孩会不断与父母展开“对抗”，探索自己的边界和“权利”。

渴望独立是每个人的天性，但是孩子，你一定要明白，争取独立不代表就一定要与家长为敌。因此，想要成为一个真正独立的人，你需要做的不是站在家长的对立面，而是想办法让自己变得更优秀，从而掌握自己的人生。

你可以勇敢，但不能莽撞

听说学校附近来了一群小混混，为了保障学生安全，各班老师都发布通告，让大家放学后尽量结伴回家，不要在路上逗留。

我和班上的四名男生住在同一个小区，于是约好一起上下学。这天下午，我们和往常一样结伴回家，路过一条巷子，恰巧看到隔壁班的一个男生被两个小混混堵在巷子里，似乎是遭到了勒索。

在正义感的驱使下，我们毫不犹豫地冲进巷子。当时我觉得，虽然那两个小混混年纪比较大，但我们毕竟有五个人。可没想到的是，冲进巷子之后，我们才发现，对方还有三四个人蹲在旁边，手上还拿着刀。那一刻，我为自己的冲动后悔不已。我们的莽撞不仅没能伸张正义，反而让自己也陷入了危险之中。

好在千钧一发之际，传来了警笛的声音，把这些混混吓跑了。不一会儿，我们看到数学老师走进巷子，原来是他正巧路过，见我们有危险，赶紧报了警！以后我可再也不能这么冲动了！

给男孩的贴心指南

很多男孩都有成为大英雄、救人于水火的梦想。虽然勇敢和正义确实是难能可贵的品质，但你应该记住，无论在什么情况下，自己的安全都应该放在第一位。你可以勇敢，但不能莽撞，下次如果“路见不平”，想“拔刀相助”，一定先要保障自己的安全，千万不要逞一时之勇。

冷静评估情况

当你发现有人陷入危险，你准备见义勇为之前，应该先评估一下自己的情况，理智地判断其中存在的风险和危险的程度，以及自己拥有的能力与资源是否足以应对和处理。你要记住，无论何时，自己的安全都应该放在第一位。如果只凭一腔热血，却没有相匹配的能力，那么你的勇敢不但无法为别人带来帮助，还会让自己陷入险境。

尽可能寻求帮助

男孩，你很勇敢，但你同时还需要意识到，现在的你年龄小，力量小，轻易行动，只会使自己暴露在危险之中。维护正义的方式有很多，但绝不包括不计后果地冲动行事。你应该尽可能地去寻求帮助，可以拨打紧急求助电话，如110等，或及时向附近的成年人寻求帮助。

使用非暴力手段

即使你是在见义勇为，帮助他人，也要尽量避免使用暴力手段，以免引发更大的风险和后果。作为青少年，最好冷静下来，在保障个人生命安全的情况下帮助他人。

安全专家解惑时间

勇敢是难能可贵的品质，也是每个男孩都希望拥有的品质。谁不想成为人人敬仰的大英雄呢？谁不想成为行侠仗义的正义之士呢？但是孩子，你要知道，这个世界上存在很多危险，如果你的能力不能支撑你的勇气，无法承担你见义勇为的后果，那么你将为此付出超乎你想象的沉重代价。

作为未成年人的你，本身属于社会的弱势群体，应当得到更多的保护。你没有像成年人一样强壮的身躯，也不具备成熟的处事本领，因此，在伸张正义之前，你最需要做的是保障自己的安全。不激进，不莽撞，保持清醒的头脑，提高自我保护意识，把见义勇为变成见义“智”为，是对自己负责也是对他人负责。

冷静，冷静！你可以战胜激素

校篮球比赛的时候，我们班和三班发生了冲突，最后甚至打成一团。其实一开始，我们只是想找裁判理论一下刚才三班的进球。可后来也不知道怎么回事，就和三班的人吵了起来，随后越吵越厉害，大家的火气都被拱了起来，也不知是谁先动了手，热血一上头，就这么打了起来。

最终，包括我在内参与斗殴的十几个人被学校警告处分，还通知了家长。冷静下来之后，我非常后悔，也有些害怕。不知从什么时候开始，我发现自己脾气变得很坏，一点小事就让我气愤不已。有时候我甚至怀疑自己有暴力倾向。

就在我为此担忧不已的时候，爸爸却对我说："这其实是很正常的，是你体内的激素在捣乱。处于青春期的男孩，体内的睾丸激素水平是非常高的，正是因为激素的作用，才会让青春期的男孩容易出现大幅度的情绪波动。"

啊！原来是这样啊！我总算放下了心，以后我一定要努力控制自己的情绪，战胜体内的激素！

给男孩的安全指南

进入青春期之后，很多男孩会发现自己的情绪变得很不稳定，常常一点小事就能引起情绪的强烈波动。遇到这样的情况，其实不用太担心，这是体内的激素在发挥作用。当然，为了避免因冲动而做出不可挽回的事情，男孩，你得学会控制情绪，战胜体内的激素。

了解你的情绪

孩子进入青春期后，主要掌控情绪的大脑前额叶皮质和杏仁核区域仍处于不断发育完善中。同时，孩子体内皮质醇、血清素分泌不稳定，再加上其他因素，导致孩子的情绪不稳定。

男孩，了解这些之后，你应该做的，不是放任自己在情绪的影响下肆意作为，而是应该学会控制自己的情绪和行为，避免在冲动之下做出后悔终生的事情。

合理释放多余精力

激素给男孩带来的，除了躁动的情绪，还有过剩的精力。选择一些适合自己的方式来合理释放旺盛的精力，对稳定情绪是非常有效的。至于选择什么样的方式，主要看你自己的喜好。比如你喜欢打篮球，就可以通过篮球运动来释放精力；不愿意剧烈运动，也可以选择一些比较温和的运动，比如散步、游泳等，或者选择一项兴趣爱好，比如做手工、做模型等。

行动之前要三思

很多时候，情绪上头其实就是一瞬间的事情，只要忍过这一时，让发热的头脑冷静下来，就不会轻易做出莽撞的事情了。所以，无论任何时候，你都要控制自己的行为，永远不要在情绪上头的时候做出任何行动。在开始行动之前，要努力让自己冷静下来，可以深呼吸几次，告诫自己"冷静！冷静！"

安全专家解惑时间

激素对情绪的影响是毋庸置疑的，但需要注意的是，影响情绪稳定的因素，不仅有激素，还有环境和个人的心理因素，后者对男孩的情绪稳定有非常重要的影响。

通常来说，男孩所处的环境，包括家庭、学校、社交圈等，对情绪的影响也是非常大的。如果环境不好，比如家庭不和谐、缺乏亲密度，或是在学校和社交圈内受到欺负、排挤等，都会引起孩子无助、失落和痛苦等负面情绪。此外，心理方面的问题，比如自我认同、自我价值感和自尊心等，也都会对情绪造成影响。

所以，当你发现自己的情绪稳定性出现问题时，除了考虑到激素的影响，还需要从其他方面寻找原因，积极做出调整。

第4章

学会正确表达，远离心理问题

乐观豁达，远离焦虑抑郁

前些天，我参加了一次演讲比赛。比赛前，我精心准备了演讲稿，在家足足练习了一个月，把稿子都背得滚瓜乱熟了。

可一上场，看着台下那么多观众，我大脑一下就变成空白了。我努力让自己冷静下来，努力地回想演讲稿，可是无济于事，只能磕磕巴巴地讲完了内容。

下台后，我大哭了一场。虽然老师同学和爸爸妈妈都安慰我，可是我的情绪依旧非常低落，总是想起在台上紧张、忘词的尴尬情形。我对自己彻底失去信心，在课堂上，不敢回答问题，怕回答错误；不愿和同学们讲话，怕他们笑话我；走在路上，如果有人看我，我就觉得“他是不是认出我了，说我很差劲”……

我发现我越来越焦虑了，不愿参加班级的任何活动，担心再一次失败和出丑。我的成绩越来越差，对学习失去了信心。

虽然我不愿多想，可总是控制不住自己，越是夜晚一个人时就越焦虑，无法入睡……

给男孩的贴心指南

焦虑抑郁是对无常的抵抗，当你不希望的事情发生，当你一遍遍纠结自己的失败时，焦虑、抑郁的情绪就出现了。孩子，挫折和失利的确让你有挫败感和羞辱感，但是事情已经发生，与其苦苦纠结，让自己陷入内耗，不如乐观豁达地看待。

接受自己，正视失败

不接受自己、害怕失败，一旦失败了，就失去了勇气和信心，在之后的行动中总觉得自己不行，总担心自己失败，所以越来越害怕，越来越焦虑抑郁。所以，想要远离焦虑抑郁，你需要认识自己，接受自己，正确认识挫折和失败。

观察和反省自己，看清自己的问题

如果你情绪低落，陷入焦虑抑郁之中，不要过于着急，而应该观察和反省自己，找到自己焦虑的原因是什么。找到原因后，调整自己，积极寻找解决问题的方法，然后解决它。

进行放松训练

你不可能在认识焦虑抑郁、分析问题之后，就立即赶走焦虑抑郁，这需要一步步地去实现。首先你可以深呼吸，进行放松训练。然后，你可以尝试分析问题、解决问题，也可以向家长、老师、同学寻求帮助。

学会给自己鼓励和积极暗示

你还可以给自己一些鼓励和暗示，比如对自己说“没关系，下次我可以做得更好”“做到这样，就足够了”。这些鼓励和暗示，可以帮助你找回安全感，找回信心，拥有抵抗焦虑抑郁的能力。

安全专家解惑时间

我们应该积极乐观，而不是被焦虑抑郁等不良情绪左右。可惜的是，越来越多的孩子变得很焦虑，很多成年人的焦虑症是源于童年时期的焦虑。

男孩，你需要知道，焦虑抑郁是一种非常强烈的情绪状态，长期下去，会导致失眠、疲劳、食欲不振等身体问题，还会让你悲观、痛苦，思维迟缓、意志薄弱。所以，你应该积极乐观地面对学习和生活，遇到挫折和失败时，向家长、老师寻求帮助，不要让自己沉浸在沮丧、悔恨、自卑等情绪之中。

只要你用积极的态度对待自己、学习和生活，让自己不断得到提升，自然也就有了健康的身体和心理。

学会理性表达，避免过激行为

周末，我和晓晨等几个小伙伴一起到体育场踢球，遇到几个同龄男孩，我们商量好来一场比赛。

下半场，我带着球往前冲，闯入对方禁区，正准备射门，就被对方一个高个子男孩铲倒了。我狠狠地摔在地上，爬起来便冲着他大喊："你犯规了！"

他一副满不在乎的样子，还说自己就是故意犯规的。我异常愤怒，狠狠地推了他一下，晓晨和朋友们把我们拉开。比赛继续进行，我的怒气还没有消除，而且越想越气，根本没有心思踢球，我盯着那个高个子男孩，一直想找机会报复。

当他带着球奔跑时，我趁机铲了一脚，狠狠踢在他的脚踝上。他摔了一跤，疼得直打滚，他的队友冲过来，和我们几个人扭打在一起。

事后，我受了伤，也受到了父母的严厉批评。爸爸妈妈耐心地教导我，告诉我遇到类似的事情，可以表达愤怒和不满，但是不能过激。情绪过激，就是不能掌控自己的情绪，之后可能会因此付出很大的代价。我深思许久，决定改变。

给男孩的安全指南

在学习和生活中，男孩不可避免会遇到各种事情，产生愤怒、沮丧、悲伤、恐惧等各种情绪。由于身心不成熟，男孩可能不能很好地调节和控制情绪，甚至会失去理智，变得不可理喻、冲动、暴躁。然而，这样的行为是错误的，如果你不会表达和控制情绪，就很容易产生过激心理，做出不理智的事情，导致不好的结果。

及时表达情绪和发泄情绪

如果你因为一件事愤怒、悲伤，却不表达和发泄出来，闷在心里，久而久之，就容易导致内心压抑，产生心理问题。因此，不管是在学习还是在生活中，你都要学会感知自己的情绪，并且及时表达和发泄出来。

正确地表达情绪，及时调整情绪

表达情绪，不是让你随意发泄，而有过激的行为。比如，摔东西、伤害自己或别人。这些都是错误的。正确的表达方式可以是找人倾诉、转移注意力、自我暗示等。学会及时调整情绪，可以减少坏情绪的影响。

改变心态，积极面对问题

不能控制情绪、情绪过激的人，通常是心态不好的人，他们往往会放大问题、把事情往坏处想。所以，如果你想要掌控情绪，远离过激行为，就需要改变自己的心态，以积极的心态看待自己及他人、学习和生活，然后积极地面对问题、解决问题。

安全专家解惑时间

每个人都有这样那样的情绪，而情绪有积极的和消极的，前者会让男孩更快乐，更容易获得好成绩；后者则容易让男孩失控，做出冲动的事情，还可能导致其身心健康受损，影响学习和生活。

因此，你应该从小就学会感知自己的情绪，正确地表达、释放和调节不良情绪。一旦陷入坏情绪，就应该积极采取一些方法来平和自己的情绪，不肆意发泄，也不堆积在心里。当你学会了表达情绪和调整情绪，就可以形成强大的内心。当你有了强大的内心，就不容易被不良情绪侵扰，即便愤怒、忧虑，也可以自我调节，保持情绪的稳定和内心的冷静。

当然，情绪的表达和释放，不仅包括不良情绪，还包括兴奋、愉悦等积极的情绪。遇到让你兴奋的事，及时与别人分享，表达这一份兴奋、快乐，对身心健康有利。

化"嫉妒"为"动力"，成为更优秀的人

从小父母就教育我要有竞争意识，做什么事情都要争取拿到好成绩。所以，我很努力，不论学习还是各种活动都争取拿第一。尤其对于自己喜爱的篮球，我更是十分在意，每次学校篮球比赛我都力争成为班里的主力，带领球队勇争第一。

可是这一次，我遭遇了滑铁卢。在学校的运动会上，同班的同学兼我的好哥们儿晓峰表现突出，屡屡抢下篮板球，成为得分最高的那一个。在下一场比赛前，老师布置战术时，将晓峰列为主力中的主力，让我们多传球给他，给他制造得分的机会。而这本来是我的待遇。

我很生气，也很不服气，心想："我凭什么要配合他？他能得高分，只是靠运气罢了！""他的水平根本不如我，我一定要证明自己的价值！"

结果，下一场比赛我们输了。原因是我不传球、不配合，只顾着自己突破、投篮。老师严厉地批评了我，同学们对我也有很大意见。那时，我才认识到：嫉妒让我失去理智，也让我犯了大错。

给男孩的贴心指南

嫉妒，是很多男孩会有的一种心理状态，是看到别人比自己强、别人获得某种成就，自己内心产生的一种不满和焦虑的情绪，甚至还会心生怨恨，滋生偏激、仇视等不良心理。对于男孩来说，嫉妒心是不可有的，因为它不仅会给你自己造成伤害，导致心理失衡、抑郁等问题，还会影响你的人际交往。

正确认识竞争和输赢

不管是学习还是各种比赛、游戏活动，都会有竞争，也会有输赢。每个孩子都有赢的机会，也有输的可能，所以，你要正确看待竞争和输赢，不能不在乎输赢，也不要太看重输赢。完全不在乎输赢，便不会有进步和提升；太在乎输赢，便会输不起，产生嫉妒心。

认识自己的不足

人们之所以产生嫉妒心，往往是因为自身存在某些不足，却看不到自己的不足。在学习和生活中，你需要正确地看待自己，发现不足，努力提升自己。当你真正认识和改变自己的时候，就不会因为自己不如别人而心生嫉妒了。

学会欣赏别人的优点和成功

其实，人人都有比较的心理，人人都会产生嫉妒心。关键是你能否调整自己，是否懂得欣赏别人。如果你学会欣赏别人的优点和成功，那么就可以化嫉妒为动力，激励自己进行良性竞争，让自己变得越来越好。

自信，但不盲目自信

自信的孩子，心境是坦然的，很少对别人产生嫉妒心理。所以，男孩要培养自信心，相信自己，欣赏自己。当然，千万不要盲目自信，因为一旦盲目自信，那就变成了自大、自傲。

安全专家答疑解惑

人都喜欢比较。大多数爱嫉妒的人，是心胸狭窄、自卑、虚荣而又多疑的。这种心理的危害是非常大的，尤其男孩年纪小的时候，认知能力有限，不懂得控制自己的负面情绪，很容易做出冲动的事情，害人害己。

所以，如果你发现自己时常嫉妒别人，具体表现为：看到别人成绩比自己好，就非常不满，产生一种强烈的排斥感；看到老师表扬某个同学，就感到愤怒、失望，认为自己远比他好，甚至想恶意贬低、伤害对方。一定要调整自己的情绪和心理，想办法摆脱嫉妒心理，以健康的心态去面对他人和生活。

当然，千万不要压制自己，否则被压制的情绪会演变为一种心结，一旦在某个时间被触动，情绪有可能会失控。慢慢地，学会控制自己的情绪，培养自己的情商，并提升个人修养，自然可以化嫉妒为动力。

拒绝攀比，远离脆弱的虚荣心

那天放学，几个同学兴高采烈地讨论着什么。原来，李飞的父母刚给他买了个新手机。小伙伴们羡慕不已，大声惊呼："你太幸福了！我也要我爸妈给我买！""对！我们一起买，一起玩！"我也加入进来，打算回家就跟爸妈说。

可是，父母拒绝我了。因为他们认为我们年龄还小，没必要买那么贵的手机，还说我现的主要任务是学习，不能沉迷于玩手机。我很失望，但是也没办法。

几天后，那几个同学都拿出了同款新手机，只有我没有。我感觉非常丢脸，只能借口说："我已经买了，放在家里了！"

回家后，我再次要求父母给我买那款手机，父母再次拒绝，还批评我爱攀比、瞎花钱。我发了一通脾气，还和父母冷战起来。无奈，父母只能妥协，我如愿以偿。可是，看着忙于工作的父母，我却没有想象中那么开心，我真的做对了吗？

给男孩的贴心指南

很多人追求一种所谓的优越感。攀比就是这种追求的一种表现。孩子们在攀比中追求的是一份自豪感和优越感。他们渴望在同龄人中得到认可，并希望自己能拥有更好的事物，以此来彰显自己的价值和地位。这种追求并不完全是坏的，它促使孩子们努力学习和进步，培养了竞争意识和自我驱动力。

不过，任何事情都是有度的，如果超过了一定的度，事情就会向反方向发展。攀比心重，不管什么时候都盲目地攀比，很容易让男孩产生不健康的心理，让虚荣心蒙蔽自己的双眼和心灵。所以，你要学会拒绝攀比，远离脆弱的虚荣心。

提升自我价值感

男孩爱攀比，通常是缘于内心缺乏自信，希望通过与对方比较，超越对方来体现自我价值，即不让别人瞧不起，让别人高看一眼。因此，要想摆脱攀比心，你需要正确认识自己，提升自我价值感。当你的自我价值感提升了，人就变得自信了。人建立了自信，就不会盲目地攀比了。

保持平常心，赶走虚荣心

攀比会剥夺我们的自信和乐观心态，随之而来的是更强的自卑感与虚荣心。所以，男孩们必须学会保持平常心，不必太在意物质，不要打肿脸充胖子。保持乐观和豁达，做好自己该做的事情，就可以赶走虚荣心并远离攀比了。

多和自己对比，少与他人对比

比较有纵向和横向之分，纵向的对比是与自己对比，横向的对比是与他人对比。男孩们应该多进行纵向对比，就是与之前的自己对比，并以积极的心态来鼓励自己。这样，就可以拥有良好的心境，让自己变得更好。

安全专家解惑时间

虚荣心是一个人追求一种表面上的荣耀和光彩的心理，是一种自尊心过盛的表现。虚荣心强的男孩，很容易在物质上讲排场、搞攀比，喜欢名牌衣物、昂贵的日用品。但是在学习上，他们则没有兴趣，不刻苦、不努力。

可以说，虚荣心对于男孩健康成长的危害是极大的，爱慕虚荣的人只关注物质，只在意别人的评价和眼光。所以，男孩们一定要拒绝攀比，不要让自己的虚荣心泛滥。

要赶走虚荣心，你必须树立正确的价值观，思考你所做的事情是否有意义，什么事情对你更重要。思考该做什么不该做什么，不断完善自己，同时强大自己的内心，抛弃过度的敏感和自卑。

正确认识自己，不自卑也不自恋

我被班级同学推选参加学校的英语口语大赛。可是，我有些自卑，因为我有些胖，皮肤黝黑，没少被人取笑。我害怕在公开场合说话，更别说参加演讲比赛了。我很焦虑，担心自己表现不好，担心被观众嘲笑。越临近比赛，我的心理压力越大，吃不下饭，也睡不好觉。

周末晚饭后，爸爸微笑着问我是不是因为比赛而紧张。我低着头，不说话。

爸爸拍了拍我的肩膀，说："孩子，你很优秀，英语口语非常棒。班级里那么多优秀的孩子，大家都推荐你，不正说明你很棒吗？"我点了点头。爸爸继续说："你觉得自己有些胖，皮肤有些黑，但是你很健康，健康美才是真的美！你要正确认识自己，让自己变得积极自信起来。"之后，爸爸还教我缓解紧张、积极自我暗示的方法。经过爸爸的开导与鼓励，我好像没那么紧张和焦虑了。后来，我获得校级英语口语大赛第二名，并在市级比赛中取得了不错的成绩。

给男孩的贴心指南

正确认识自己，看似简单，其实很多男孩做不到。有的孩子发现自己跟别人不太一样，就自我怀疑、自我贬低，越来越自卑、敏感；有的孩子身上有一些优势，且取得了一些成绩，就骄傲自大，认为自己无人能及。事实上，不管是自卑还是自大，都是错误的。

正确客观地认识自己

不管是自卑还是自大，都源自一个人对自我的认知。只不过，这些都是错误的看法，不是真正的自知之明。所以，不管什么时候，男孩都需要正确且客观地认识自己，接受自己的不足，也发现自己的优势；不轻易低估自己，也不轻易高估自己。

正视缺点，欣赏自己

有这样那样的缺点和不足，会自卑、伤心，会不自觉地和别人对比。这是正常的现象。但是，你要记住：一个人有缺点不可怕，可怕的是不敢正视它、改掉它。正视缺点，并努力改正，同时学会欣赏和鼓励自己，你才可以不断自我提升。

保持谦虚，不可以自大

不管是天生的优势，还是取得了优异的成绩，你都需要保持谦虚、低调，而不能扬扬得意。因为自大的人，容易让人反感，也容易浮躁。

安全专家解惑时间

心理学有一个名词，叫作“自我选择效应”。简单来说就是，一个人一旦选择了某条人生道路，就会产生朝着这条路走下去的惯性，并且这种心理惯性还会不断自我强化。这种效应，在自我认知、自我评价方面也非常适用。

如果你选择相信自己，认为自己有很多优点、有能力做好一些事，那么你就会越来越积极自信，越来越成功。相反，如果你选择不相信自己，认为自己的缺点是致命的，自己一无是处，那么就会越来越消极自卑，越来越失败。

男孩要正确地看待自己，认识到自己的能力、优势与价值，不放大任何一个缺点和优点。客观地评价自己，选择相信自己，也就平衡了自卑和自大，成为一个真正自信的人。

同时，你还要在自信中不断提升自己，对自己负责，对学习和生活负责。这样一来，就可以成就更好的自己。

第5章

成长路上，提防交友的“坑”

甄别身边的“操控型朋友”

一个月前，我转学到新学校，认识了新朋友陈澄。他和我住在同一个小区，又在同一个班级，因此常常结伴回家。

陈澄喜欢搞恶作剧，经常拉着我一块戏弄别人，有时是把夹心饼干中间的奶油换成牙膏，骗其他同学吃；有时是同学准备坐下时，他突然把人家凳子抽掉。一开始我并不想做这些，但他总是说："不就是开个玩笑吗？你是不是胆小鬼啊？"

一天下午，我们回家的时候，他突发奇想，问我敢不敢拉别人家门外的电闸。我觉得这样做不好，但陈澄用那种轻蔑的眼光看着我，说："我就知道你是个胆小鬼！"在陈澄的注视下，我鬼使神差地拉了别人家电闸，然后和他一起快速逃走了。

几天后，一位老奶奶找到学校，说通过监控看到我拉了她家的电闸，那几天家里没人，冰箱断电后很多食物都坏了。因为当时只有我动了手，而陈澄根本不承认是他的主意。最终，妈妈被叫到学校，赔偿了那位老奶奶的损失。

那一刻，我心中真是后悔极了！

给男孩的贴心指南

“你要是不陪我去逛街，就是不把我当朋友！”

“你成绩那么好，帮我写个作业不就是小菜一碟吗？”

“咱们关系都这么亲密了，你不应该计较这些！”

“我帮了你那么多忙，这次跟你借点钱，你应该不会拒绝吧？”

这样的场景，你是不是也经历过？当你发现与一个人相处，常常会在对方的引导和控制之下，做出一些违背自己意愿，但很难拒绝的事情的时候，你就得小心了，他可能就是那种“操控型”的“朋友”。如果你不能确定，可以通过一些方法来进行甄别，然后尽快远离。

观察对方的行为模式和言语态度

注意观察对方的行为模式是否存在操控倾向，如果对方试图用命令或批评等方式，来左右你的决策，控制你的行动，或是限制你的人际关系，那么你就需要提高警惕了。另外，如果对方是“操控型”的人，他们通常会使用威胁、恐吓、责骂或讽刺等负面的语言和态度来刺激你，引导和控制你的决策，甚至剥夺你的自尊心，达到控制你的目的。

评估彼此之间的关系

正常的友谊必然是互帮互助的，但“操控型朋友”往往不会真正关心你的需求和感受，他们只会在对自己有利的情况下对你表示友好，一旦出现问题，就会毫不犹豫地抛弃你。简单来说，对“操控型朋友”而言，他们只会从你身上获取好处，根本不会感恩和回报。

相信自己的感受

你应该相信自己的判断和感受。当你发现和一个人相处时，常常会产生被压迫、无能为力或是不舒服的感受时，哪怕对方看上去似乎非常友好、热情，你也必须提高警惕，不要忽视内心的警告。

安全专家解惑时间

很多控制型的人表面上伪装得非常巧妙，尤其是在与你接触之初，他们往往会表现出温和友好、认真负责的样子。但只要留心细节，你就会发现，他们在表现真诚友好的同时，总会巧妙地引导你同意他们的观点，而当你表现出否定或抗拒时，他们就会使用一些技巧，比如激将法、冷暴力等，让你在压力之下屈服，做出一些自己不想做的事情。

千万不要觉得和“控制型朋友”交往没什么大不了，时间长了，他可能会让你习惯性委屈自己，甚至让你放弃主见、独立和自尊。

所以，如果发现你的朋友喜欢控制你，千万不要妥协、屈服，要坚持自己的想法，表达自己的主张。不要怕惹对方不高兴，不要怕失去这个“朋友”。尽快远离，才不会继续遭受“毒害”。

小心！他可能有“反社会型人格障碍”倾向

我曾经交过一个非常恐怖的朋友，现在回想起来，还有些后怕。

他叫邱晨，是我隔壁班的同学，我们是因为暑假报了同一个兴趣班而认识的。我第一次发现邱晨不对劲，是去找他玩的时候，我看到他举起自己的小狗，然后狠狠地把小狗摔到地上。那只可怜的小狗当场就被摔死了，他却满不在乎地告诉我，这就是不听话的下场。

开学之后，我慢慢疏远了邱晨。一天下午，我走在放学回家的路上，经过一段坡道的时候，突然有人从后面狠狠推了我一把。我被推得跌倒在地上，还滚了两圈，等回过神来，看到邱晨在我身后。他一副要笑又不笑的样子，质问我：“你为什么不和我玩了？”我当时吓坏了，不自觉地想到那只被他摔到地上的小狗。那一刻，我仿佛成了那只小狗，因为“不听话”就要遭受恐怖的惩罚。

不久后，因为爸爸工作调动，我转到了其他学校，之后再也没有见过邱晨。后来，我在书上看到关于“反社会型人格障碍”的描述，我忽然想起邱晨的恐怖行为……

给男孩的贴心指南

很多男孩非常调皮，喜欢恶作剧，喜欢打闹。这其实是正常的，只是性格使然。可是，如果一个男孩过度地以自己为中心，心眼坏，表现出冷漠、暴力、报复心强，喜欢作恶，常常说谎及伪装，故意伤害小动物和同伴，无法克制欲望及不满的冲动，甚至无视学校、社会规范和法律，那么他就可能有“反社会型人格障碍”倾向了。面对这样的人，你一定要远离。

区分调皮和“反社会型人格障碍”

与朋友交往的时候，要分清他只是调皮，还是有“反社会型人格障碍”。调皮的孩子，本性是善良的，对身边的小动物和同伴友好、善良，有责任感和同情心，虽然会犯一些错误，但是一般不出格，不会产生严重后果。而有“反社会型人格障碍”倾向的孩子就不同了，他们易于冲动，喜欢做坏事，且不会感到悔恨，缺乏同情心。

远离有“反社会型人格障碍”倾向的人

如果与“反社会型人格障碍”的人成为“朋友”，你的性格也可能受到坏的影响，还可能让自己的生活变得一团糟，不断地被控制、打击和剥削。这样的孩子不会真心对待任何人，一旦你与他发生矛盾，就会受到伤害。

寻求帮助

如果你身边有“反社会型人格障碍”倾向的人，除了要远离，还要谨慎小心，不要招惹他，也不要激怒他。如果他将对你或其他同学造成伤害，你们应该及时寻求帮助，比如向家长、老师、心理医生、律师、警察寻求帮助。

安全专家解惑时间

虽然有“反社会型人格障碍”倾向的人不等于罪犯，但是他们通常有严重的心理障碍，会有意或无意地做出一些出格的事情，伤害身边的人或物。

他们的情绪是消极的，行为是冲动的。所以，男孩，你需要了解“反社会型人格障碍”的特点，仔细观察周围的人，包括同龄人和成年人。如果发现同学、朋友或其他人具有反社会性特质，应该立即停止与其交往，然后尽可能远离。

如果无法避免与这样的人交往，一定要学会保护自己，做自己情绪和生活的主导者。不要受其负能量的影响和操控，不要让他伤害到你。

总在你身上找优越感的朋友，不可交

暑假的时候，我们全家一起报了一个旅游团，团里有个年纪和我差不多的男生，经常找我聊天。一开始，我也为交到新朋友而高兴，但很快我就发现，他总是喜欢在我身上找优越感。

他比我高，于是就经常跑到我身边，抬手在我头顶一边比画一边说："你也太矮了吧，比我矮这么多呢！"

看到我也穿球鞋，他就总是向我炫耀他的新球鞋说："我只穿这个牌子的球鞋，这是大牌，你那个牌子不行……"

听说我成绩中等，他就故意摆出一副不可思议的样子，说："我感觉学习很容易啊，那些试卷，随便做做就能得高分！"

因为他的冷嘲热讽，我这次旅游一点也不开心。回到家后，我赶紧删除了他的联系方式，我可不想以后还要在微信上听他夸夸其谈。

他真的是太讨厌了！

给男孩的贴心指南

优越感是一种自以为比别人优越的意识，具有这样意识的男孩相信自己比别人更聪明、更有能力、更富有，从而产生一种自我满足和自我肯定。从本质上说，喜欢在别人身上找优越感的人，其实就是虚荣心强，一心炫耀自己或贬低别人罢了。所以，如果你发现有朋友喜欢在你身上找优越感，那就需要远离他了。

寻找正能量的朋友

男孩很容易受环境、身边人的影响，所以不管在学校还是生活中，都要与那些有正能量的朋友交往，这样你才能受到正面的影响，更加积极向上。

设定边界，表达自己的感受

如果这个人的行为让你感觉不舒服，不要委曲求全，更不要去讨好他，要设定自己的边界，明确地告诉他“不要在我面前表现优越感”“我不喜欢你贬低我”。如果对方仍继续，你可以毫不留情地揭穿他的虚荣心，适当地反击。

提升自信，拒绝内耗

男孩要树立自信心，相信自己的能力与价值，而不是因为别人的一句话而产生自卑的心理，更不要怀疑自己。否则，只会让你自我消耗，变得越来越消极。即便你真的存在某些不足和缺陷，也要给予自己积极的暗示，通过努力来改变和提升自己。

观察和识别朋友的行为

观察这个朋友，看他是否时常在你面前吹嘘自己，比如“我觉得这次考试很简单啊，我没复习，就考了 100 分。”“这是我爸爸从香港买回来的玩具，限量版。”或者以贬低你为乐，比如“你怎么才考 80 分，你脑袋装的是什么？”“这个牌子的衣服太便宜了，你怎么还穿？”……如果你的“朋友”经常这样说，那他很有可能是在显摆优越感，你需要无视或远离这样的朋友。

安全专家解惑时间

每个男孩都有优越感，这是骨子里的自我认同、自我肯定，也是一种“我强于他人”的心理状态。所以，从某种程度上来说，你也有。然而，不是每个人都喜欢在别人面前显摆优越感，更不是每个人都会以贬低别人、抬高自己为乐。因此，你对这样的人有反感、厌恶，是正常的。

和这样的人相处，其实也非常简单。如果能远离，最好是远离。如果不可避免地要和他们接触，可以选择无视，不必在意他们说了什么话，保护自己的情绪和心理就好了。同时，也要努力提升自己，展现自己的实力和价值，让他们知道你不是好欺负的。

最后，男孩，你还要引以为戒，如果发现自己有类似倾向，要及时调整，避免自己变成你讨厌的人的模样。

别和负能量爆棚的人做朋友

周末和朋友约好打篮球，结果突然下起雨来。看着瓢泼般的大雨，我不由得失望地叹了口气。

妈妈突然问我："你最近怎么回事，天天唉声叹气的？"我哀怨地说："这破天，说下雨就下雨，害我都不能去打篮球了。"妈妈却摇摇头，说道："你这段时间特别不对劲，一天到晚不是叹气就是抱怨，以前你可不这样。要是以前，遇到这事，你转头就能找个新乐子，怎么可能为点小事就闷闷不乐？"

听到这话，我心里一惊。这到底是怎么回事呢？忽然间，我想到了我的新同桌小美。小美是个特别悲观的人，总是唉声叹气，不管遇到什么事情，都会往坏处想。自从我们成了同桌之后，我几乎每天都能听到她抱怨各种事情，就好像生活里处处都是倒霉事一般！

"唉！和负能量爆棚的人在一起，果然也会变得消极啊！"感叹完，我赶紧捂住自己的嘴巴，怎么又叹气了呀！

给男孩的贴心指南

负能量就好像传染病一样，会传染和扩散。如果你时常和负能量爆棚的人在一起，听着他的抱怨，感受他的消极，那么时间长了，当你没办法消化这些负能量的时候，就会被传染，成为同样充满负能量的人。所以，你需要远离那些负能量爆棚的人。

保持冷静和理智

如果你的朋友时常向你抱怨这抱怨那，动不动向你发泄消极的情绪，你需要尽量保持冷静和理智，不要被他的情绪左右。你可以试着变换话题，把他向着积极的方向引导，鼓励他主动寻找解决问题的办法。

给予支持和鼓励

情绪不好的人，需要朋友的倾听，需要朋友的关心和理解。如果你的朋友情绪很不好，你要给予他倾诉的机会，同时给予他情感上的支持和鼓励。这样一来，他就可以慢慢地从负面情绪中走出来了。

不做情绪的垃圾桶

你可以倾听朋友的不快、不满，但是不能做他消极情绪的垃圾桶。如果朋友一味地抱怨，不管你如何劝慰、引导，他都沉浸在悲观、消极之中，那么就可以委婉而坚定地拒绝他，及时与他保持距离。

不与负能量爆棚的人交朋友

除非你有足够的意志力，否则千万不要与负能量爆棚的人交朋友。因为负能量爆棚的人始终活在自己的世界里，不肯从悲观、自卑和自我否定中走出来。你再努力，也很难改变他。所以，为了保护自己的心理健康，还是远离这样的人吧。

安全专家解惑时间

每个人身上都是带有能量的，态度乐观、积极、向上的人，身上带有满满的正能量，和这样的人做朋友，你会受到这种正能量的影响，感受到那种积极向上的力量，觉得学习、生活是非常快乐、有趣的事情。相反，悲观、消极、绝望的人，身上充斥着负能量，和这样的人做朋友，你会受到负能量的侵蚀，慢慢地，变得喜欢抱怨，看不到生活的希望，做什么事情都没兴趣。

况且，那些一味向你抱怨，把不良情绪倾倒给你的人，并不是把你当作真正的朋友。因为他只顾着自己，从来不顾及你的感受，不在意你是开心还是不开心。如果你也不开心，想向他倾诉，他是不会听的，不是敷衍，就是很快把话题转移到自己身上。

所以，如果你不想让自己变得不快乐，就和充满正能量的人交朋友，远离负能量爆棚的人吧！

和女同学相处，保持适当距离

我的同桌李艾是个温柔可爱的女生，性格内向，她不敢和同学交流，不敢参与班级的活动。不过，我发现她还是渴望融入班集体的，所以决定帮助她。

当李艾忘记带课本时，我会主动和她同看一本书；组建学习小组时，我也要求和她同一组。班里有同学过生日，我会喊她一块儿去；周末的时候，我还会约她出来玩。渐渐地，李艾向我敞开心扉，话也多了起来。

可是最近，我发现她变得有些奇怪，比如她会时不时地偷看我，我看向她时，她会猛地低下头，脸上露出红晕；每天早上，她会给我带早点，体育课后，又会给我买矿泉水。忽然有一天，她递给我一张写有“我喜欢你，你喜欢我吗？”的纸条，我才明白了她反常的原因：她喜欢上了我。

我不知道怎么回复，就向妈妈请教。妈妈告诉我，要让她知道我们之间只是同学间的情谊。与此同时，我要和她保持距离，不要再让她产生误会。妈妈的方法很有用，一段时间后，李艾和我之间的误会消除了。

给男孩的贴心指南

步入青春期后，男孩、女孩心思细腻，情绪敏感，在互相接触后，会轻易地萌生出好感，并误以为是爱情。所以，为了预防早恋的发生，男女同学交往时，一定要保持适当距离。

注意言行

语言很神奇，可能你对女生表达的只是欣赏，她却会误以为你喜欢她。如果她对你很有好感，就会主动向你表白，很多的早恋都是在这种懵懂的情况下发生的。所以，你要注意自己的言行，不说暧昧的话，不做亲密的肢体接触，比如拥抱、牵手等动作。

注意不要自作多情

你给她释放错误的信号，她也会给你释放错误的信号。当你自作多情地以为她喜欢你，并对她产生了好感，说出或做出一些超越普通关系的话语或行为时，也可能会令她转变对你的看法，重新定位你们的关系。阴差阳错之下，早恋就发生了。所以，切记不要自作多情。

不刻意保持距离

当她和你说话时，你刻意装作听不见；当她看着你时，你刻意眼神闪躲。这么刻意地保持距离，反而有种欲盖弥彰的感觉，只会让人产生误会。所以，你要么不动声色地保持距离，要么大大方方地与女同学相处。

安全专家解惑时间

与女孩保持距离，并不是将女孩视为洪水猛兽，完全不与她们相处。

孩子，你知道吗？当你的身边缺少了女性角色，你的性别意识很有可能朝错误的方向发展，甚至会导致择偶取向出现问题。所以，你必须和女生相处，只不过要把握好相处的尺度。

和女孩正常交往，对你有很多好处，比如会弥补你个性上的缺点，因为大多数女孩性格温柔且感性，与她们相处久了，不知不觉你也能成长为一个心思细腻的大男孩。和女孩正常交往会让你的思维更开阔，因为大多数男孩的思维偏抽象，女孩的思维偏细腻，多与女孩交流，你的大脑会受到启发，思考问题更加全面。

第6章

课堂上的安全风险防范

想上厕所时千万不要憋着

上完体育课后，我口渴难耐，就把水壶里的水全喝完了。打上课铃的时候，我忽然想小便，这时老师走进了教室。我只好坐回座位上。

十分钟过去了，我的尿意越来越强，我见讲台上老师激情澎湃地讲着课，便咬紧牙，决定再憋会儿。于是，又过去了十分钟，我的尿意更加强烈了，此刻我满脑子只想上厕所，至于老师讲了什么，我一点儿也没听进去。

我刚要举手，有一个同学率先举了手，他跟老师说想上厕所，老师让他去了。我忽然有点不敢举手了，怕老师认为我在捣乱。于是，我又憋了无比漫长的十分钟。我觉得自己的膀胱快憋炸了，整个头皮都发麻。我实在忍不了了，抱着被老师批评的决心，举起了手。

不料老师并没有批评我，而是让我赶紧去厕所。等我回到教室，老师关心地询问我是不是憋尿了。我不好意思地点了点头。老师严肃且无奈地告诫我们全班同学，想上厕所要及时跟老师说，千万不要憋尿，会伤害身体健康。

给男孩的贴心指南

上课时想上厕所，不是一件丢人的事，谁都会有三急。并且，这也不是不遵守纪律的表现，更不是衡量一个学生好坏的标准。你要知道，憋大便或者小便会对身体造成巨大伤害，所以如果想上厕所，一定要大胆跟老师说。

举手示意

举手示意是对老师的尊重，也是遵守纪律的表现。在课堂上，想上厕所一定要跟老师举手示意。老师点你的名字后，再向老师说明你想上厕所的请求。相信老师会同意你去的。

课前少喝水

水喝到肚子里后，不会立马排出，需要过一段时间才排出。如果课前喝很多水，上课就会想上厕所。所以，你要把控好喝水的时间和饮水量，尽量不要在课前喝大量的水。

课间上厕所

课间的时间很短暂，你要学会合理利用。课间的重点是上厕所、做好课前准备，做完这些后的剩余时间，才可以用来玩耍。通常，课间上过厕所，课上就不会上厕所了。所以，你要养成课间上厕所的好习惯。

不调皮不捣蛋

上课时去厕所是小概率事件，通常情况下，老师都会同意。但是，如果你平时调皮捣蛋，每节课都举手上厕所，而实际上是为了出去玩，老师就会对你产生怀疑，甚至会拒绝你上厕所的请求。所以，如果没有大小便，就不要故意举手上厕所，做个不调皮不捣蛋的孩子。

安全专家解惑时间

孩子，在漫长的求学生涯中，你一定会碰到课堂上想上厕所的情况。你不要因为难为情或害怕老师的批评而选择憋着，因为那会对你的身体造成诸多伤害。

长时间憋尿会令膀胱处在高压状态，从而损伤膀胱。并且，膀胱中长时间储存大量尿液，也为细菌的繁殖提供了天然的温床，长期憋尿容易导致尿路感染，更严重的会造成肾脏损伤。

憋大便带来的危害更大，因为肠道会吸收大便中的水分，导致排便不畅，最终出现便秘。大便中含有大量的细菌和毒素，长时间滞留在肠道内，可能会被肠道吸收，引发肠道疾病。

你还需要明白，在你憋的时候，你的注意力已经不在学习上了。所以，为了你的身体健康和学习状态，想上厕所时千万不要憋。

小心你身边的“毒文具”

文具店有一款水彩笔，造型特别酷，颜色明亮、鲜艳，闻起来还有一股花香味，我便买了一套。

美术课上，我只用了一会儿水彩笔，那花香味突然变得不对劲，闻着有点儿刺鼻，我的脑袋也突然眩晕起来。我的手因为沾染了颜料，不仅刺痛难忍，还起了一小片疹子。后来，我周围的同学也陆续出现了头晕的症状。

同桌李响捂着鼻子说：“你的水彩笔有问题，你肯定买到‘带毒’的文具了。”他连忙将这个情况报告给老师，老师立马把我的水彩笔收了起来，同时打开门窗通风。我还被老师带到医务室，洗去手上的颜料后，涂抹药膏，观察症状。幸好，我和我的同学都没出大问题。

后来，我在网上查找这款水彩笔，发现它不仅是三无产品，还被曝光过有毒。这些有毒物质可能会致癌，对人体危害极大。看来，“带毒”的文具无处不在，我们一定要加倍小心，学习一些辨别“毒文具”的方法。

给男孩的贴心指南

对学生来说，文具是必需品，也是消耗品。一些不良商家看重其中的市场，生产出大量“带毒”的文具，很有可能你就买到过，并且正在使用。然而，长时间使用“带毒”的文具会影响身体健康。所以，你一定要学会辨别。

闻气味

为了吸引学生购买，商家会给文具添加香料。但有些不良商家，使用劣质的有毒香料。如果你购买的文具异常香或气味刺鼻，就极有可能是“带毒”的文具。当你闻过后，出现头晕、恶心的症状，那必然是“带毒”的文具，一定要赶紧处理掉。

查产品信息

正规生产的文具上有明确的厂家信息、质量合格证和生产日期。而不正规的文具大多是三无产品，存在安全隐患。因此，在购买文具时，不能光看外观，也要仔细看看产品的信息。为了确保文具的安全，可以核实产品上的信息，比如拨打电话咨询、查验质量合格证等。

看颜色

如果文具的颜色异常鲜艳，可能是添加了荧光剂。长时间使用这类文具，很可能影响身体健康。因此，在购买文具时，要观察产品的颜色，如果亮得发光、异常艳丽，就不要购买，以防买到“带毒”的文具。

安全专家解惑时间

文具是学习中的必需品，每天都会接触。“带毒”的文具就是一颗炸弹，会损害你的身体健康。

你使用的文具中，如果有涂改液，就需要注意了，涂改液中的三氯甲烷、二氯甲烷、苯等有毒物质可以通过呼吸道被人体吸收，轻者可引起头痛、恶心、眼鼻咽喉发炎，严重的还可能会造成神经系统等损害。建议不要使用涂改液。

短时间使用“带毒”的文具会感到恶心、呕吐，长时间使用则会导致记忆力衰退，影响生长发育，甚至引发血液、神经系统等方面的疾病。所以，你一定要小心身边的“带毒”的文具。

不舒服及时就医，不必等到下课

这节课是语文老师的公开课，有很多老师来听课。我预习得很充分，准备在课堂上积极表现。然而，才上了几分钟课，我的肚子突然疼了起来，起初是可以忍受的隐隐作痛，后来成了难以忍受的剧痛。

我很想举手告诉老师我身体不舒服，可想到这是老师精心准备的公开课，并且其他老师和同学们都在聚精会神地听讲，我不想打乱课堂秩序，就打消了举手的念头，打算等到下课了再报告老师。

之后，我疼得头冒冷汗，眼冒金星，忍不住趴在桌子上小声呻吟。老师发现了，连忙跑到我的身边询问我的状况。那一刻，我的意识已经有些模糊了，只记得老师们一起把我送到了医院。医生说我得了急性阑尾炎，立马安排了手术。

我醒来的时候，看到老师坐在病床边。我小声跟她说“对不起”，因为我打断了她的课。老师非但没生气，反而温柔地对我说，在课堂上不舒服的时候要立即举手，及时就医，不必等到下课。老师还说，我们的身体健康比什么都重要。

给男孩的贴心指南

不管什么病症，不及时就医就可能加重，继而引发其他病症。有些疾病来势汹汹，不及时治疗可能会引发生命危险。你的身体健康大于一切，不用管是不是在课堂上，不舒服就要及时就医，不必等到下课。

报告老师

课堂上，当你的身体不舒服时，不用举手示意等待老师的点名。因为老师可能不会第一时间点你的名，而这会拖延你就医的时间。你可以直接站起来向老师报告你的身体状况，老师会立刻安排你去就医。

告诉同学

如果实在不敢报告老师，你可以告诉同桌或周边的其他同学，让他们帮你向老师报告。需要注意，你不能告诉犹豫不决的同学，他们会纠结帮不帮你、告不告诉老师，这会使你不能及时就医，所以你必须告诉果断的、思维清晰的同学，他们会第一时间找老师。

制造动静

当病症来势汹汹，你觉得自己没力气、思维不清晰、无法大声说话时，就要想办法制造出动静，引起老师或同学的关注。你可以将自己的书本、文具盒等推到地上，也可以移动桌椅发出刺耳的声音。

安全专家解惑时间

孩子，你为什么不敢在课堂上向老师报告你不舒服呢？是害怕老师生气，还是想坚持学习？

不可否认，打断老师讲课确实不礼貌。但是你要知道，你的身体健康大于一切，远远比老师上课重要得多，而老师也希望你能第一时间说出你身体上的不适。此外，处于生病状态的你是无法专心听课的，还不如等身体好了再补上落下的课程。所以，不舒服就要及时医。

需要注意，当你发现身边的同学生病了，也要及时站出来报告老师。因为班级的学生太多了，老师无法一一关注。同学之间应该相互帮助，你帮助了别人，别人发现你不舒服时，也会勇敢地帮助你。

身体不适时，别剧烈运动

体育课上，我的身体忽冷忽热，头昏脑涨，我用手摸了摸自己的额头，发现非常烫，我肯定是发烧了。

体育老师正在组织接力赛跑。跑步是我擅长的体育项目，班里没几个人能跑过我，所以我是我这一组中的最后一棒，负责冲刺。我走到跑道接力点的时候，累得气喘吁吁。我心里清楚，我现在的身体状况根本不适合剧烈运动。

我刚想报告老师，就听见老师大声说“各就位”，同学们立刻摆好了预备的姿势。随着老师一声令下，大家拼命往前冲。我见赛场上的氛围热火朝天，我这一组的组员又成绩领先，有望夺冠，我想还是咬牙坚持一下吧，等比赛结束后再说。

轮到我跑的时候，我感觉身体无比沉重，忽然眼前一黑，摔倒在了地上。老师吓了一跳，连忙将我扶了起来，背着我去了校医室。校医为我仔细检查了一番，他严肃地对我说：“身体不舒服，千万别剧烈运动，否则会引起各种并发症，甚至是休克。”我听后心里一阵后怕，以后不舒服时，我一定第一时间报告老师。

给男孩的贴心指南

不管是体育课上，还是运动会上，如果感觉到身体不舒服，千万不能剧烈运动，应该及时就医。因为剧烈运动会引发其他的急性并发症，危及你的生命。比起你的身体健康，其他都是微不足道的。

找老师说明原因

通常在上体育课前，老师会询问有没有同学身体不舒服。不要逞强，如果你身体不舒服就要及时说出来，老师会根据你的情况做出安排。如果老师没有询问，你要在第一时间主动找老师说明原因，不用有太多顾虑。

向身边的人求助

体育课或运动会上，当找不到老师或老师在很远的地方时，不能满操场地找老师，因为这也是在剧烈运动。你应该向身边的人求助，比如同学、保安等，他们会帮你联系老师或及时送你就医。

由老师向同学解释

在运动会上，如果你担心临时退赛会引起同学的误会，可以找老师向同学们解释。因为老师的话在同学心中很有分量，也会引导同学们。

安全专家解惑时间

男孩在青春期时，内心较为敏感，很在乎同学的评价。为了班级荣誉，为了不在同学面前展现脆弱，为了不被同学说成胆小鬼，会硬着头皮上体育课，咬着牙上赛场。然而，你的逞强是对你身体的不负责任。

孩子，你知道吗？当身体不适时，如果剧烈运动，可能会出现晕厥、休克的症状，也会加重疾病。在生命面前，你的面子、班级荣誉、好的名次等都是次要的。

生命是可贵的，是不可重来的。所以，只要出现身体不适，就不要在乎外界的声音和眼光，果断拒绝剧烈运动，并及时就医。

实验室安全常识要牢记

今天，老师带我们去实验室做实验，研究乙醇和钠的反应。我和陈方是一组，我俩坐在讲台的旁边。老师叮嘱我们不要碰实验器材，先看他是怎么做实验的。

老师向一支空试管内加入适量无水乙醇，将试管固定在铁架台上。然后用镊子取了一块干燥的金属钠投入试管中。老师在试管口迅速塞上带尖嘴导管的橡胶塞。金属钠下沉到乙醇液面下，钠粒逐渐变小，发出嘶嘶响声，缓缓产生气泡。接着，老师用小试管收集反应产生的气体，检验其纯度后，老师用酒精灯点燃火柴棒，当火柴棒的火苗靠近反应试管的尖嘴处时，反应产生的气体开始燃烧，火焰呈淡蓝色。因为乙醇与钠反应后，能产生可燃的氢气。

老师做完实验后，让我们严格按照实验步骤来操作。我和陈方将金属钠放入试管中后，陈方拿来小试管取气体，我突发奇想制止了他，并对他说我有更快的方法。在他疑惑的目光中，我点燃了酒精灯，又将酒精灯端到了反应试管的上方。

刹那间，一阵火花闪过，我的脸上火辣辣地疼，头发传来一股烧焦了的气味。陈方惊慌失措地拿走我手里的酒精灯，老师也吓了一跳，连忙把我带到水龙头边，用冷水冲洗我的脸。好在我的脸问题不大。

给男孩的贴心指南

实验室是校园中最危险的地方之一，因为实验室中有很多化学试剂，一旦操作不当，就会出现安全事故。然而，实验课又是同学们最喜欢的课程，因为它有趣、好玩。你必须牢记实验室的安全常识，避免安全隐患的发生。

不追逐打闹

实验室里摆放了很多化学试剂，一些化学试剂燃烧或混在一起时，会产生有毒气体、火花，甚至会发生爆炸，这是极为危险的。因此，当你进入实验室后，请安静地坐在自己的位置上，不要与同学追逐打闹，也不要因为好奇去碰触化学试剂和实验器材。

听从老师的指挥

在做实验之前，老师会先做示范，你要仔细记下老师做的每个步骤，并严格执行。如果在做实验时出现遗忘或疑问，不要擅自操作，正确的做法是询问老师，并听从老师的指挥。

及时处理伤口

在实验的过程中，可能会不小心划破手、烫伤等，更危险的是，伤口接触了有毒的化学试剂，这个时候要立刻将情况报告给老师，采取合理的急救措施，千万不能隐瞒，避免伤情恶化。

垃圾分类

实验过后，会留下许多垃圾。这些垃圾有些是有毒的，有些是可以循环利用的。所以，你要将垃圾分类，并放入指定的垃圾桶内。需要注意，实验产生的垃圾混合在一起也可能发生化学反应，对于有危险的垃圾，一定要单独放置，通常老师会提醒怎么处理。

不偷拿实验器材和化学品

实验室里的器材和化学试剂很神奇，但是你不能将它们偷偷带出实验室，这会给你和他人带来危害。当然，你也不能将食物或其他化学品带入实验室。

安全专家解惑时间

在进实验室前，你需要认真预习要做的实验，牢记步骤。进入实验室后，不要做与实验无关的事情，在实验的过程中谨慎操作，轻拿轻放，多问老师。实验结束后要整理器材，同时检查水、电、气等，看是否存在安全隐患。更加具体的安全常识，你可以找老师了解，学校也会列出实验室安全守则，建议你阅读。

实验室的器材或化学试剂，有些是危险的，有些单独放没有危险，当与其他化学试剂发生反应时，则会产生危险的新物质。所以，你还需要多学习，提升自己的知识储备量，争取早日成为化学“小专家”。

第7章

上学放学，路途中的安全事项

独自乘坐公交车须注意

这个学期，爸妈让我独自乘坐公交车回家。公交车到站后，我抢着往上挤，其他乘客见我挤，也跟着挤了起来。这一窝蜂地往上挤差点让我喘不上气，还好司机出面维持了秩序，大家排着队上了车。

我坐在后排靠窗的位置。公交车行驶过程中，我好奇车外的情况，就把头和手伸出了窗户，身边的乘客连忙把我拉了回来，她说我的做法很危险。这时，我看见旁边一辆公交车飞驰而过，我不禁惊出了一身冷汗。

我下午上体育课有些累，上车没多久我的眼皮逐渐沉重起来，打起了瞌睡。不知过了多久，公交车开到了终点站，乘客们陆续下了车。司机见我迟迟不下车，便走过来摇醒了我，下车后我才知道自己错过了我家附近的站点。

等我重新乘坐公交车到达我家附近的站点时，已经晚了一个多小时。司机见我急匆匆地要下车，忙提醒我下车要观察左右是否有来车，否则会发生交通事故。我不禁感叹，原来乘坐公交车有这么多需要注意的地方呀！

给男孩的贴心指南

在漫长的求学生涯中，父母不可能每天接你放学，你总有独自回家的时候。在你达到可骑车上路的年龄前，你可能只能乘坐公交车。公交车作为公共交通工具，在安全方面，有许多需要注意的事项。

按秩序上下车

在车站，当有很多乘客上车时，请你不要往前挤。公交车的车门每次只能一人上或下，如果大家都挤在一起，这就容易造成挤压或踩踏事故。因此，你要排好队，有秩序地上下车。

不朝车窗外探头伸手

公交车上有许多窗户，你不能将头或手伸出窗户，因为这样可能会碰到道路旁的公共设施或被正在行驶的车辆撞到，造成不可估量的伤害。所以，不要好奇车外的情况，请安静地坐在自己的座位上。

保持清醒

公交车上人比较多，没准会有小偷，他会趁你睡着时偷走你的贵重物品。所以，乘坐公交车时一定要保持清醒，你可以随身携带清凉油，犯困的时候闻一闻，也可以开窗通风让自己保持清醒。

下车注意安全

下车时，你要等车辆停稳才能下车。如果下车的乘客比较多，你需要遵守秩序依次下车。需要注意，不要立刻下车，要先查看左右的路况，看是否有车辆驶来。如果有，等车辆驶过才能下车。

安全专家解惑时间

公交车在行驶的时候，会遇到许多突发状况，你在乘坐的时候，必须充分了解注意事项，学会保护自己。

公交车的座位有限，在你没有坐到座位上时，应该抓好扶手，在车子紧急刹车时，你的身体就能够保持平稳，避免摔倒。

为了其他乘客的生命安全，不要携带易燃、易爆等危险物品上车，因为车辆行驶时会引起震动或碰撞，容易引燃或引爆这些危险物品。

公交车行驶时，请不要将垃圾或其他物品抛掷车外，因为可能会砸中后面的行人或车辆，引发交通事故。

孩子，安全无小事，所以请你一定要遵守乘车时的注意事项。此外，在看到其他乘客做出危险的举动时，也要加以制止或呼吁众人一起制止，因为如果车辆发生安全事故，会使整车人受到伤害。

电力设施的安全隐患

春天到了，放学后我没有急着回家，而是和同学李想去公园的草地上放风筝。然而，公园里的草地上挤满了人，好多人在放风筝。我们放了好几次，不是缠住了别的风筝，就是缠在了大树上，玩得一点也不尽兴。李想说他想到了一个空旷且人烟稀少的地方，我跟着他去了郊外。

那是一片广阔的草地，草地上架着一座座高压电塔。我们正要放风筝，一名管理员叔叔一边大喊“不能在这儿放风筝”，一边急匆匆地跑了过来。我们疑惑地问他，为什么不能放风筝。他说，在高压电塔边放风筝会有触电危险。

管理员叔叔告诉我们，虽然风筝线大多为尼龙绳等绝缘材质，但如果受潮也会导电。还有些风筝的制作材料中含铁丝、钢丝等能够导电的金属物，风筝一旦距离高压线很近，强大的电流可能会通过风筝线传到人的身上，严重的会致人死亡。此外，高压线路等电力设备与人距离太近时，也会放电，在电压差足够大的情况下，空气都可能被电击穿。

给男孩的贴心指南

在放学路上，我们会碰到许多电力设施，如果你因为好奇、淘气而去碰触这些电力设施，就会有被电的危险，因为人体是导电的。当超出人体承受的电流时，电流越大，造成的伤害就越大。因此，你要格外当心这些电力设施。

人体导电原理

人体内含有大量的液体，这些液体的主要成分是能导电的水，其中还溶解着钙、钠、钾等多种电解质，这就使得人体有了导电性，很容易发生触电。在人体和周围环境干燥的理想情况下，安全电压为 36 伏。但是如果人出了一身汗，或者环境潮湿，那么就算电压低于 36 伏，仍然有足以致命的电流通过人体。

触电的危害

触电会对人体造成伤害，电流大小和触电时长共同决定了伤害程度。触电有时会直接对皮肤造成伤害，类似于烧伤，如果伤口的面积过大，则会威胁到生命。触电会使人的心脏、呼吸系统和脑神经系统受到损伤，严重时会导致休克、死亡。

远离电力设施

放学路上，你会看到许多电力设施，比如电线、电箱、路灯、配电房以及商铺外的空调外机等，只要不靠近，就不会有触电的危险。需要注意，雷雨、大风等恶劣天气可能会导致电力设施漏电，如果看到空中有飞舞的电线，地面的积水中有断裂的电线等，一定要及时远离。

触电时的自救

人触电后，前几秒是有意识的，所以不要慌张，理智是脱困的关键。你可以一边大声呼救，一边奋力跳起，这样可以摆脱电源。之后，还需要拨打急救电话，去医院进一步检查伤情，进行后续治疗。

安全专家解惑时间

电给人们的生活带来了便利，但也给人带来了许多安全隐患。生活中，有些电力设施从表面上看好像没有通电，但实际上是通电的，比如喷泉、广告牌等，当你在喷泉中玩水或倚靠在广告牌上时，都有触电的危险。

孩子，你要学会辨别哪些是电力设施，这样才能有意识地远离，对此你可以观察这个设施是否有灯光，是否有电线。如果有，那就是通电的，在使用的时候要谨慎小心，非必要不靠近。

在发现他人触电时，要避免接触他的身体，不然你也会触电。正确的做法是关闭电源开关或拔掉电源插头；在找不到电源的情况下，可以用干燥的长棍、竹竿等不导电的物体挑开触电者身上的电线，有条件时可以穿上防触电的胶鞋和戴上橡皮手套。

远离网吧、KTV等不适合未成年人活动的场所

放学了，刘星突发奇想说去 KTV 唱歌。我从来没有去过 KTV，就抱着好奇心跟着他一起去了。

在 KTV 门口，我们遇到了两个年轻人，他们的手臂上全是文身。他们看到我们后，径直向我们走来，问我们身上有多少钱，借点儿给他们花花。与其说借，不如说是勒索，我和刘星害怕极了，瞅准时机拔腿就跑，好在他们没有追来。

KTV 没去成，刘星说去网吧打游戏。虽然我没有去过网吧，但也知道网吧是禁止未成年进入的。然而，我们进的这家网吧根本没有查看我们的身份证，而是直接给我们开了两台电脑，我心想这肯定是家黑网吧！

我们正玩得起劲，坐在我旁边的年轻人突然愤怒地踢了桌子一脚。我悄悄看了他一眼，原来是打游戏输了。让我惊恐的是，他拍了拍我的肩膀，递给我一支烟。我说我不抽，他凶狠地说不抽就是不给他面子。后来，他还说要带我们去酒吧、游戏厅玩一玩。我跟刘星假装去上厕所，这才逃离了网吧。

给男孩的贴心指南

像网吧、酒吧、KTV 等娱乐性场所都属于不适宜未成年人进入的场所。按照法律规定，这些场所禁止未成年人进入，这是为了保护未成年人的身心健康。所以，那些放你进入的成年人场所是不正规的，里面鱼龙混杂，你可能会遭遇各种危险，必须远离。

拒绝诱惑

当你的朋友、同学邀请你去成年人的娱乐场所时，可能会向你描述里面多么有趣，多么好玩。你必须控制自己的好奇心，拒绝诱惑。你要反复提醒自己，你是个未成年人。此外，在放学路上，你或许会碰到陌生人拉你进入成年人场所，你要立即拒绝并大声呼救，拒绝进入。

注意标识

通常，正规的成年人场所都会设有“未成年人禁止入内”的标志。你在看到这样的标志后，要主动远离。当同学或朋友邀请你去某个场所时，也要注意寻找是否有这样的标志，以免误入。

转移注意力

对未成人来说，成年人的场所是新奇的，如果没有进去过，会感到好奇；如果已经去过了，可能会念念不忘。对此，你需要转移自己的注意力，比如多参与校园里的活动，培养兴趣爱好、多运动，等等。渐渐地，你就会对成年人场所失去兴趣。

安全专家解惑时间

孩子，那些允许你进入的成年人场所是不正规的，里面人群鱼龙混杂，在你无法辨别出坏人的情况下，很容易受到威胁和侵害。

比如，当你结交了一群不良青年，你可能会被动地沾染上赌博、抽烟、喝酒、熬夜等各种不良习惯，从此你的生活会变得一团糟，你会无心学习，成绩一落千丈。甚至在他们的影响或胁迫下，你会跟着他们去打架斗殴、抢劫、敲诈勒索等，从此彻底走上不归路。

与此同时，这些不正规的成年人场所设施也存在安全隐患，一旦发生火灾，没有人引导你逃生。所以，请你一定要遵守法律规定，在成年前不要进入这些不适宜未成年人活动的场所。

不要私自和同学去小河里捞鱼

今天放学特别早，我就喊上同桌陈齐一起去小河那边捞几条鱼回家加餐。

我们到了小河边后，发现离河岸不远的水草里藏着好几条大鱼。我们赶紧脱了鞋，打算去河里把鱼捉上来。下水后，我才发现水很深，并且越往前走水就越深。等水没过胸膛的时候，陈齐不敢再走了，他不会游泳，害怕溺水。

我让他先上岸，我独自去捉。等我到了鱼群的位置时，水没过了我的下巴。我捉住了一条大鱼，大鱼在我的手里拼命挣扎，不知不觉，我漂到了深处，河水没过了我的头顶。我呛了几口水后，不得不放走手里的鱼，拼命地往岸边游。然而，水草缠住了我的身体，我根本游不动。精疲力竭后，我慢慢失去了知觉。

陈齐看到我溺水后，吓得大喊“救命”，好在不远处有人钓鱼，他们扔下鱼竿，“扑通”一声跳进河里，把我救上了岸。这次溺水让我感受到死亡离我是那么近，哪怕会游泳，也可能会溺水！我发誓以后再也不私自去小河里捉鱼了。

给男孩的贴心指南

孩子天生爱玩水，但是深水是危险的，每年中小学生溺水死亡的事故频频发生。这些事故有一个共同点，就是私自和小伙伴、同学去人烟稀少的小河里玩，一旦遇到了急流或进入深水区，获救的概率极小。你或许会游泳，但你知道吗？溺水的往往是会游泳的。

拒绝同学的邀请

夏天到了，孩子们会结伴去小河边打水仗、捉鱼捉虾。当有同学邀请你一起去玩时，一定要抵挡住诱惑，立刻拒绝。与此同时，你也要劝阻你的同学，如果他们执意要去，请通知家长或老师。

去正规游泳馆

小河里的水很深，水下情况不明，极易发生溺水。而且小河边没有救生员，溺水后获救的概率很低。如果你真的喜欢游泳、玩水，可以去正规的游泳馆。正规的游泳馆管理规范，会按深度划分出浅水区和深水区，并配有救生员，当你不慎溺水时会第一时间获得专业的救助。

佩戴救生设备

当你和同学去小河边玩，你或许能做到不下水，但无法避免意外落水，也无法保证同学觉得好玩而将你拉下水。因此，你一定要佩戴好救生设备，比如救生圈、救生衣或浮袖，关键时刻，这些能救你一命。

溺水自救

首先，要保持冷静，因为越挣扎身体下沉就越快；其次，要大声呼救，同时寻找水面是否有漂浮物。如果没有漂浮物，则要屏住呼吸，四肢轻轻拨动水，使自己漂浮起来，并将头伸出水面呼吸空气。需要注意，呼吸时要深吸气，浅呼气，只有让肺部充气，你才容易漂浮起来，等待救援。

安全专家解惑时间

在小河里游泳，除了会发生溺水，还会有其他危险。如果小河的水质不好，会让你感染皮肤病，水中还有各类寄生虫，它们会钻入你的皮肤或被你吸入口中，让你患上疾病。

小河中水下情况不明，河底往往有碎玻璃、蚌壳等，这些锋利的东西会划破你的脚；河水中可能暗藏石头，当你跳下去时，身体会撞到石头而受伤，甚至你还会遭到蛇、大型鱼类等生物的攻击。

在小河边，当你看到有人溺水时，哪怕你会游泳，也不要贸然去救，因为你也是个孩子，你的体力是有限的，很可能会一同溺水。正确的做法是寻求成年人的帮助，也可以给溺水者扔救生设备或者利用长竿、绳子救溺水者。

工地是危险地带，不要停留玩耍

放学了，我和几个同学想踢会儿球。可是学校要关门了，还能去哪儿踢呢？我想到学校隔壁的工地有一块空地，现在工人们下班了，正好可以溜进去踢球。

我们翻越了工地的栅栏，很顺利地进去了。工地的空地很大，不过地上乱糟糟的，有很多石子、木板，但是这些并不能动摇我们踢球的决心。我们齐心协力，用零碎的木板搭建了两个简单的球门，我们分成两队后，开始了比赛。

“快把球传给我！”我边跑边对队友大喊。队友找准时机，将球传给我。就在我冲向对方球门准备射门的时候，我的脚底传来一阵剧痛，紧接着我摔倒在地。

我忍着痛一看，发现鞋底插着一枚钉子。我让同学们不要乱跑，因为地上肯定还有其他钉子。至于我，不得不去医院。医生拔钉子的时候，我疼得撕心裂肺，又因为钉子生锈了，在深入清洗伤口后，医生还给我打了破伤风针。

这次受伤不仅花了爸妈很多钱，我还疼了好几天。如果时间能倒流，我一定不去工地这个危险地带玩了！

给男孩的贴心指南

在工地玩耍是很危险的，可能会被高空坠物砸到，也有可能踩到锋利的钉子或刀片，可以说危险无处不在。所以没有任何保护措施的你，不要因为好奇心跑入其中。否则很可能发生摔伤、被砸伤、溺水、触电等无法预测的危险。

不在工地玩耍

男孩子喜欢冒险，并认为危险重重的工地是绝佳的探险地带。但是，你需要意识到，在工地上玩耍是没有安全保障的，随时都会发生危险。因此，你要远离工地。你可以去安全的又能满足你探险欲望的地方玩，比如主题乐园。

路过时注意安全

有时候校园内会施工，或者你放学回家的路上有工地，你不仅不能进去玩，在路过的时候还要格外小心，主动避让，保持安全距离。同时，你需要留心突然驶来的施工车辆、脚下的锋利建材、高空坠落的砖块等。不要长时间逗留，要以最快的速度离开。

劝说同学离开

当你的同学提议或喊你一起去工地玩耍时，在拒绝的同时，也要劝他们去别的地方玩耍，并告知他们在工地玩耍的危害。如果路过工地时，看到有同学在里面玩耍，要大声劝说他们离开。如果劝说无效，要告诉工地的管理人员。

安全专家解惑时间

很多男孩喜欢玩挖掘机、卡车等工程车玩具，而工地上恰好有各种各样的真实的施工设备。所以很多时候，男孩们明明知道工地是危险地带，却禁不住工地的诱惑进入其中。但你知道吗？这些诱惑可能是致命的。

工地上有很多进进出出的渣土车，灰尘漫天飞舞，司机视线不佳，可能发生交通事故；工地上有吊机，当操作工操作失误时，重物会从高空坠落；工地上有沙石堆，如果有人踩在上面，可能会有被埋的风险；工地上有许多脚手架，在没有任何安全防护的情况下攀爬，会有坠落的危险……

孩子，好玩的地方有很多，但绝不包含工地。你认为自己小心点可以避免危险，殊不知你脚下走的每一步都暗藏“地雷”。要想真正避免意外，只有不进入工地，并且不在附近逗留。

第 8 章

不追逐不打闹，危险动作不要做

别用笔打闹，保护眼睛安全

下课了，我趴在桌子上抄黑板上的笔记，一不小心橡皮掉在了地上，我弯腰去捡的时候，手中的笔画到了同桌赵安的胳膊上。赵安正愁没人跟他玩呢，所以他缠着我，非要在我身上画一笔。

我伸出手，让他在我手上画了一笔。赵安画了一笔后，又飞快地画下了第二笔、第三笔。我不禁急了，眼疾手快地握住了他的笔，利用身高优势，在他的左右脸颊上各画三笔。我一边跑开，一边笑他是只大花猫。赵安被惹急了，握着笔追赶我。我俩在教室里你追我跑。忽然，我撞到了同学的身上，赵安来不及停下，手中的笔直直地戳了过来。我吓得连忙闭上眼睛，接着眼皮一阵刺痛，鲜血顺着脸颊往下流。我想睁开受伤的眼睛，但疼痛使我睁不开，我心想：不会瞎了吧！

同学们都被吓到了，连忙去找老师。老师把我送去医院，经过检查，我的眼球没有受伤，但眼皮被划了一道很深的口子。医生说只要再用点力，我的眼球就会被戳伤。我心里一阵后怕，以后再也不用笔打闹了。

给男孩的贴心指南

笔尖是尖锐的，当用笔打闹时，笔就成了利器。稍不小心，笔会扎进皮肤里，划伤皮肤，严重时可能戳伤眼睛，造成无法挽回的后果。所以，你不仅不能用笔打闹，还要正确使用笔。

笔不是玩具

笔是用来写字的，但对部分孩子来说，笔也是玩具，能用来玩花样转笔。在转动的过程中，笔会飞出去，当力度足够大，就可能会使自己或他人受伤。此外，将笔当成打闹的武器，那就更危险了。因此，你必须明确笔的功能，不要把它当玩具。

给笔套上笔套

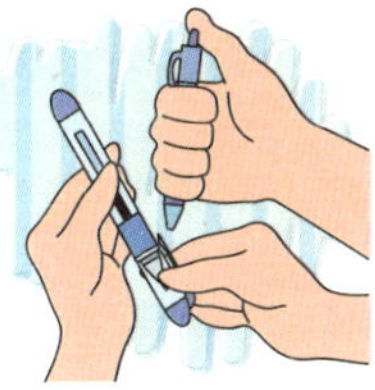

不少笔会配有笔套，而笔套的作用之一就是防止笔戳伤身体。你在使用完笔后，要将笔套套上去。使用完按动中性笔后，要将笔尖收回去。其他没有笔套的笔，可以去文具店购买笔套。

养成用笔好习惯

孩子很多时候用笔打闹，是恰好看到桌子上有笔，而不是刻意从文具盒里拿出笔来打闹。因此，你要养成用笔的好习惯，只在写字的时候把笔拿出来，写完字后把笔放回文具盒里。习惯成自然，看不到笔就不会用笔打闹了。

及时制止用笔打闹

在你看到同学用笔打闹时，要及时制止，因为笔飞出去或挥舞笔的时候，你和其他同学都有可能被误伤。需要注意，你在制止别人时，一定要严肃，不能嬉皮笑脸。

安全专家解惑时间

青春期的男孩受激素的影响，会变得逞强好斗。在所有文具中，笔细长尖锐，无疑是最顺手的“武器”了。男孩在用笔打闹时，会把笔当成箭射出去，会把笔当成宝剑来“过招”，在打闹的过程中还会抢夺对方的笔，种种行为都容易导致受伤。因此，你要学会控制自己，课间不要与同学打闹。

此外，笔使用不当也会造成伤害，比如将笔借给同学时，直接扔过去可能会戳伤对方，即使给笔戴了笔套，也会因为投掷力道太大而砸伤人。当你拿着没戴笔套的笔走路或奔跑时，一旦摔跤，笔可能会扎进你的身体里，危险不言而喻。

孩子，对于笔这类危险等级极高的文具，一定要妥善保管。不要等悲剧发生了，再去后悔。

玩射击游戏很危险

早上我一进教室，刘东就把我拉到了他的座位上，说要给我看个“好东西”。只见他从书包里掏出了两把黑色的玩具枪，他分了我一把，又塞给我一包塑料子弹，说要带我去“报仇”。

几天前，我们在游泳馆碰到了隔壁班的几个同学，他们用水枪滋我们。我们没有带水枪，只能东躲西藏。刘东一直想找他们算账，才把玩具枪带到学校。

我有些犹豫，害怕玩具枪会伤人。刘东让我别担心，说玩具枪用的是塑料子弹，我们到时候只射他们的衣服。我被他说服了。不一会儿，他们出现了，刘东喊了一声“射击”，我连续射出多枚子弹，全击中了他们的衣服。他们跑来抢我们的玩具枪。情急之下，我们胡乱地射击，子弹打到了他们的脸上和其他露出来的皮肤上，他们痛苦地呼喊起来。我定睛一看，他们脸上被射中的地方又红又肿。原来玩射击游戏这么危险！

最终，老师知道了，还通知了家长，我们被狠狠地批评了一顿。

给男孩的贴心指南

很多男孩对玩具枪感兴趣，喜欢玩射击类的游戏。但是，市面上有很多不适合孩子玩的玩具枪，不仅射程远，威力还比较大。如果男孩不小心射中别人，就会伤害到别人。千万不要用这种玩具枪玩射击游戏。

遵守校园规定

学校规定，不允许携带危险物品进校园。你玩的子弹枪、弹弓等虽然是射击类玩具，但也具有很大危险，是不允许带进学校的。为了不发生校园安全事故，请遵守学校规定，听从老师的教导。

主动避让，报告老师

在校园外，你肯定会遇到玩射击游戏的孩子，在不清楚危险性有多大的情况下，要主动避让，避免给自己带来伤害。如果在校园内看到有同学玩射击游戏，请第一时间告诉老师，避免自己和其他同学被射伤。

购买安全的玩具枪

合格的玩具枪是不具有危险性的，在购买时一定要看产品信息。首先，查看产品是否为三无产品，如果是，请不要购买，因为很可能存在安全隐患。其次，查看玩具枪的射程和使用的子弹，如果射程远、威力大，子弹坚硬，这类玩具枪不适合儿童玩耍。

在安全区域射击

射击是一项体育竞技活动，如果你的射击能力足够出色，没准能成为一名为国争光射击运动员。你可以玩射击游戏，但是一定要在安全的地方射击，比如去专门的射击俱乐部练习射击。

安全专家解惑时间

在玩射击游戏前，你并不觉得自己会射向人，但是一旦投入游戏中，你的行为会变得不可控，因为当你情绪激动时会无意识地射人。当你的射击角度出现偏差，也会射到人，最终导致安全事故的发生。

有些射击类玩具的威力很强，如果射到皮肤，轻则红肿，重则擦伤。如果不巧射中了眼睛，极有可能导致失明。

孩子，不要为了一时的快乐而造成令自己悔恨终生的错误，要以自己的安全为重。在不射击他人的同时，也要保护自己不被他人射中。

楼道、楼梯不是嬉闹的地方

这个学期，我们班搬去了三楼，需要爬楼梯了。上学第一天，我和同学赵肖就双双负伤了。

事情是这样的，那天我和赵肖在校门口相遇，我们一道去教室，赵肖提议比赛爬楼梯，看谁先到教室。我玩心大起，就同意了。起初我们各爬各的，赵肖见我领先，一时情急拽住了我的衣服，反超了我。我不想落后，又去拽他的衣服。

就这样，我俩在楼梯上他跑我追，我跑他追，忽然赵肖一脚踩空，往后倒去，恰好我又在他身后，巨大的重量又迫使我往后倒。一瞬间，我们俩摔下了楼梯。这次事故导致我扭伤了脚，赵肖的伤势比我的严重多了，他的左腿骨折，需要坐轮椅来上学。

这件事也让老师心有余悸，他不仅叮嘱我们不要在楼梯上嬉闹，还严禁我们在楼道内推搡玩耍。老师说新闻报道过，有学生在楼道里打闹，撞到了经久失修的护栏，连同护栏一道坠下楼。由此可见，在楼道、楼梯上，不仅不能打闹，还要有秩序地行走。

给男孩的贴心指南

在楼道、楼梯打闹，发生安全事故的概率很高。通常，楼道、楼梯内易发生的安全事故有碰撞、踩踏、滚落楼梯等。

遵守秩序

每到下课、放学时，学生都走出教室，楼道、楼梯内人群拥挤。在这种情况下，不能推搡或使劲往前面挤，因为很容易发生较大的安全事故。你应该遵守秩序，按照提示依次缓慢前行。

不滑楼梯扶手

楼梯扶手不是滑梯，是禁止玩耍的。如果失误，就会从楼梯扶手处摔出去，十分危险。同时也不排除楼梯扶手发生断裂的情况。因此，你要做到不滑楼梯扶手，在看到别人滑时，也要及时劝阻或告诉老师。

不在楼道、楼梯内打闹

楼道、楼梯的面积狭窄，不适合作为玩耍的区域。又因为人来人往，一旦因嬉闹而发生安全事故，不只你和你的同学会受伤，也会波及周围的人。你可以和同学去空旷、安全的地方玩耍，比如操场、楼下的空场地。

遇到危险，懂得自救

当不小心误入拥挤的楼道、楼梯时，可以寻找最近的出口离开，切记要缓慢移动，不要推搡他人，不要逆着人流前进。在拥挤的楼道、楼梯内摔倒时，容易被踩踏，这个时候要迅速蜷缩身体，护住头部，同时大声提醒身边人停下脚步。

安全专家解惑时间

人在玩耍的时候，可能会忽视安全问题，所以最好的方法就是不要在楼道、楼梯内嬉闹。当其他同学邀请你去楼道或楼梯里玩耍时，一定要拒绝，因为人越多越混乱，出事故的概率就越高。同时也要劝阻其他同学去楼道或楼梯里玩，如果他们不听，必要时可以向老师报告。

当你行走在拥挤的楼道、楼梯内时，可能会出现东西掉了或鞋带散了的情况，不要立刻停下，要先观察周围人的情况，确认没有人打闹、没有人冲向你，你再去捡东西或系鞋带。这是因为你突然止步，可能会让周围的人来不及止步，继而撞到你。

孩子，不要长时间逗留在人流涌动的楼道、楼梯内，待的时间越久，出现意外的概率就越大。

不随便对同学搞恶作剧

过生日的时候，同桌陈刚送了我一支钢笔。陈刚也快过生日了，礼尚往来，我准备送他一个文具盒。为了让他对我送的礼物印象深刻，我悄悄放了一条仿真玩具蛇在文具盒里。别看陈刚人高马大，实际上他胆子很小，最怕的就是蛇。

陈刚生日那天，当他收到我送的礼物时，可开心了。我催促他打开文具盒，并说里面还有一个“惊喜”。陈刚一边问我什么“惊喜”，一边迫不及待地打开了文具盒。我立刻按动手中的遥控器，只见文具盒打开的那一刹那，里面的仿真玩具蛇一下子扭动起来，蹿到了陈刚的手上。

陈刚吓得尖叫起来，扔了手中的文具盒就往门外跑。我赶忙大喊“那是假蛇”，但是陈刚根本听不进去，他撞翻了好几个同学的课桌，自己也摔了个大跟头。最终，我的这个恶作剧造成他胳膊骨折以及多处软组织受伤。

陈刚没有责怪我，但我心里很过意不去。我告诫自己以后再也不要对同学搞恶作剧了，恶作剧会使同学的身心都受到伤害。

给男孩的贴心指南

你或许认为搞恶作剧就是在开玩笑。在你对别人搞恶作剧时，你会觉得好笑，但别人却会觉得可怕。所以从本质上来说，恶作剧就是将一个人的快乐建立在另外一个人的痛苦之上。一次伤害或许用一辈子都无法治愈，不要让你的恶作剧成为别人无法治愈的伤口，所以不要随便对同学搞恶作剧。

玩笑与恶作剧的区别

真正的玩笑是不带恶意的，不会伤害或冒犯到别人，能够被大众接受。恶作剧通常带有恶意，用欺骗、伤害或惹恼别人的方式，使自己感到快乐，给别人带来痛苦。在你和同学玩闹时，要想一想你的行为究竟是在开玩笑，还是在搞恶作剧，如果是后者，那么请收手。

看到危险及时停手

有的时候，在你看来是玩笑，但对别人来说却是伤害。所以，你要留心你的玩笑是否会带来危险，是否会给别人造成伤害。在危险发生前，要及时停手。

阻止别人的恶作剧

在你看到别人搞恶作剧时，要及时制止。因为危险发生后，范围是不可控的，不仅被恶作剧针对的人会受伤，你和其他同学也有可能受到伤害。所以，阻止别人搞恶作剧，既保护了别人，也保护了你自己。

防止被人恶作剧

要学会识破别人的恶作剧，要多注意观察。比如，当有人满脸期待并刻意地催促你做某件事时，很有可能是在对你搞恶作剧，这时，可以观察周围人的神情，当他们也用看好戏的眼神看着你时，那肯定是有人要搞恶作剧了。

安全专家解惑时间

每个人都是单独的个体，害怕的事物是不同的。在你看来不可怕的东西，在别人看来却可能可怕得要命。所以，不要用你的标准去衡量别人的感受以及接受的程度。

孩子，你也可以换位思考一下，当别人用你害怕的东西来对你实施恶作剧时，相信你在感到恐惧的同时，会对实施恶作剧的人无比厌恶。在你对别人搞恶作剧时，别人对你的感受也是如此。

你知道吗？校园中因恶作剧而发生的安全事故有很多，因为当人过于恐惧时，大脑会失去思考的能力，在躲避恐怖事物的时候可能会摔倒、碰撞，甚至是伤害到其他人。此外，惊吓过度会引发昏厥，甚至猝死。所以，不要随便对同学搞恶作剧，也要保护自己不被同学搞恶作剧。

不要与同学打架斗殴

这天中午，我在学校食堂吃饭，当我端着一碗排骨汤走向餐桌时，迎面走来几个追逐打闹的同学，其中一人撞到了我。满满一碗排骨汤全泼在了我的衣服上，幸好汤不太烫，不然我就被烫伤了。我的火气一下子蹿了出来。

“你们是怎么走路的？没看到我端着汤吗？”我生气地质问他们。令我更加恼火的是，他们非但不道歉，还说是我不看路才导致碰撞的，该道歉的应该是我。

就这样，我和他们争执起来，接着发展成推搡，也不知道谁先动了手，我和他们打了起来。后来，还是在食堂吃饭的老师把我们拉开了。我们被老师带去了办公室，老师了解事情经过后判定是他们的错。在老师的要求下，他们向我道歉了，事后他们还受到了学校的通报批评。

爸爸妈妈看到我鼻青脸肿的样子，心疼的同时，责怪我不该与同学打架斗殴，因为不管输赢都会受伤。

给男孩的贴心指南

你每天都会和很多同学交往。你们由于性格不同、见解不同或是有了利益冲突等，可能会产生矛盾和纠纷，当双方都控制不住情绪时，就会从争执发展成打架斗殴。你必须知道，打架斗殴是严重的违纪行为，会受到学校严厉的惩处。

保持冷静

校园里的打架斗殴往往是从一件小事发展起来的。所以，当你和同学发生冲突时，不要心急，要保持冷静，用清醒的头脑思考怎么去解决问题。切记，千万不能让愤怒的情绪控制你。

不要说脏话

发生争执的时候，如果有一方说脏话，另一方必然会被激怒，这就会导致打架斗殴。因此，在发生争执后，要控制自己的言语，不要拿对方的缺陷说事，更不要辱骂对方。你只要说出你的观点，就事论事即可。

倾听对方的意见

想要解决问题，就要先听一听对方意见和观点，这样你才能了解问题的本质和对方的立场。并且，倾听对方意见是一种尊重，当对方感受到了你的尊重，也会自然而然地控制自己的情绪和过激的行为，与你一同找到解决方法。

寻求第三方的帮助

当你们无法解决问题时，对方又情绪激动，眼看就要动手了，你绝不能往前冲，因为在打斗的过程中，你肯定也会受到伤害。这个时候，你可以寻求第三方的帮助，比如请同学调解，找老师来帮你解决问题。

安全专家解惑时间

在人际交往中，发生冲突是普遍存在的现象。但是你要知道，拳头是解决不了问题的，它只会让问题越来越大。

当你和同学因为某事打架，你打赢了，你的同学打输了，输的人自然会不服气，他会想方设法报复，甚至会喊他的好哥们儿一同对付你。你双拳难敌四手，肯定会被揍。你打输了，是不是又会喊你的朋友一同找对方算账呢？这样下去，问题只会越发严重，打架斗殴的规模也会更大。

孩子，如果是你的错，你要勇敢道歉，这才是真正的男子汉。如果是对方的错，如果他诚恳地道歉了，你也要试着去原谅他。

第9章

远离校园欺凌，你应该知道的事

有人索要钱财，千万不能逆来顺受

明天我最好的朋友过生日，我带了一些零花钱，打算放学后买个生日礼物送给他。我把钱放在了书包里，拿课本的时候，钱不小心掉了出来。

放学后，我留下来值日，等我离开时，校园里人已经很少了。我刚走出教室，几个高年级的学生挡住了我的去路，并把我拽到了隐蔽的楼梯口。我害怕地问他们要干什么，其中一个大块头让我把身上的钱给他，他还向我挥了挥他的拳头。我说我没有带钱，他说他看到我把钱放书包里了。不等我回答，他们一把抢过我的书包翻找起来。我不敢抢回来，因为他们人多势众，真要打起来，肯定我吃亏。他们抢走了我的钱，临走时还威胁我如果敢报告老师，一定会找我算账。

我并没有畏惧他们的威胁，等他们走后，我立刻冲到老师的办公室，把前因后果说了出来。老师说我做得很对，如果我选择不告诉老师或家长，他们下一次还会勒索我。最后的结局大快人心，老师通知了他们的家长。他们不仅把钱还给了我，还受到了老师、家长的批评。

反对欺凌

因为成长环境不同，孩子的价值观也会不同。所以，学校里可能存在一些不良学生对其他学生实施敲诈勒索的情况。有的学生对此胆战心惊，甚至把这件事作为自己最害怕的事情。虽然公安部门处理了不少此类案件，但是男孩们还是应该吸取教训，采取相应的措施加以防范。

如果你遇到有人向你索要钱财，千万不要逆来顺受。因为一旦妥协，你就会成为他们的“提款机”。所以你必须对这类校园欺凌行为说“不”！

钱财为次，安全为主

如果有学生向你索要钱财，不要害怕，不要慌张，你要看对方有多少人。如果你没有胜算，发生冲突一定会受伤，这个时候安全比钱财重要。你不要反抗，直接把钱财给他们。同时你要多说些好话，让他们放你离开。等安全了，你再寻求老师或大人的帮助。

拖延时间

如果你发现他们是第一次实施勒索或者很好讲话，那么不用急着将钱给他们。你可以和他们商量给多少钱，尽量拖延时间。当看到有老师或其他大人经过时，一边跑一边大喊“救命”。如果等不到外援，可以对他们说钱不在身上，再带他们去取钱的路上，寻求老师或大人的帮助。

记住他们的相貌特征

遭遇勒索时，请一定要记住他们的相貌特征，及时报告给老师。老师会找出他们，并对他们进行惩罚，这能很大程度保护你不再受他们的勒索。

安全专家解惑时间

为避免成为别人的勒索目标，你要注意几个方面：

上学或放学路上，不要独自一个人走，应该和同学们结伴而行；

不要和陌生或不熟悉的同学去偏僻的地方，也不要结交“问题”学生；

不要携带贵重物品上学，更不要在校园里显露自己的财物；

在与同学交谈时，不要谈论自己的家境有多好，自己有多少零花钱，避免被别有用心的同学听到。

孩子，你也可以多听一些有关校园霸凌知识的讲座，从中多学一些防范和应对校园敲诈勒索的方法。

结交“大哥大”，不能免受欺负

这段时间我很烦恼，班里的几个同学总是欺负我。我想起学校外有一群“大哥大”，他们抽烟、染发，看上去凶神恶煞的。学校的学生看到他们都会绕道走，我打算结交“大哥大”。

那天放学，我买了很多吃的，主动向“大哥大”们示好。他们很开心，立马收我为小弟了。当那几个欺负我的同学看到“大哥大”搭着我的肩膀，他们真的不敢再欺负我了，不过我也察觉到同学们似乎视我为洪水猛兽，哪怕是与我关系最好的同学，也不再找我说话了。与此同时，“大哥大”们也露出了可怕的一面，比如他们没钱了，就问我要，我说我没有，他们就让我偷家里的；他们打架的时候都会叫上我，如果我不去，他们会动手打我；他们还强迫我抽烟，要我去文身。

我受不了了，只能向父母、老师求助，在他们的保护下，我和这些“大哥大”断绝了来往。同时我也懂得了，遭到同学的欺负可以向家长或老师寻求帮助，他们能帮我们解决问题和烦恼。

给男孩的贴心指南

在校园外，有时会聚集一些不良青年。在校园内，也可能有一帮欺凌弱小的“校霸”。他们是学生眼中的“大哥大”。不可否认，学生们都很害怕他们。但是，你因为受到了同学的欺负而去结交他们，等待你的将会是来自“大哥大”变本加厉的欺凌。

拒绝“大哥大”的帮助

有些“大哥大”很“热心肠”，会打着“兄弟情深”的旗号，带你出入成年人场所，使你沾染上抽烟、喝酒等各种恶习。同时还会胁迫你跟着他们一同犯罪，让你的人生一片黑暗。所以，你要拒绝他们的帮助，主动远离他们。

被“大哥大”缠上了

当你被“大哥大”缠上了，无法摆脱他们时，不要独自应对，你要向老师或家长寻求帮助。由他们出面，你会很快摆脱“大哥大”。你也可以和同学们结伴上下学，当“大哥大”看到你们人多且氛围良好，就不敢贸然接近你了，等时间久了，注意力就不会放在你身上了。

对欺负你的同学发出警告

有的时候，你认为同学在欺负你，他们却认为是在和你开玩笑。你可以对欺负你的同学发出警告，明确告诉他们你不喜欢他们所谓的玩笑。如果他们仍然那么对你，你可以和老师、父母说明情况，让他们解决你的烦恼。

提升防护能力

被校园欺凌的人往往身体素质较差，胆小、懦弱、自卑，你平时应该加强身体素质的训练，多运动，塑造健壮体魄，同时多参加校园活动、多交朋友等，以此提升自信心。当你的防护能力提升了，不良学生就不敢找你了。

安全专家解惑时间

与同学相处，肯定会发生矛盾，解决矛盾的方式有很多，但是绝不包含寻求“大哥大”的“帮助”。你知道吗？“大哥大”解决问题的方法简单而粗暴，无非就是威逼利诱和使用暴力。

当你的同学受到伤害后，如果他选择打回去，问题就会陷入恶性循环，得不到解决。与此同时，你的同学看到你和“大哥大”混在一起，会认为你和他们是同类人，从而远离你、孤立你，从此你就是校园里的“独行侠”了。

孩子，结交“大哥大”会使你的生活一团糟，也会令你的学习成绩直线下降。所以，有问题就去找老师、找家长，千万不要找“大哥大”。

同学被霸凌，可以帮助他吗？

放学了，我和陈宇结伴回家。出校门时，因为人群拥挤，陈宇不小心踩到旁边同学的脚，他立马说了声“对不起”。然而，等我们出了校门，人群不再拥挤后，那位被踩的同学恶狠狠地扯住了陈宇的衣服，不让他走。

陈宇又诚恳地向他道歉，可是对方不依不饶，说要踩回去。好脾气的陈宇表示愿意让对方踩一脚，哪想到对方一连踩了好几脚。陈宇痛得龇牙咧嘴。我见对方还想动手打陈宇，连忙把陈宇拉到旁边的保安室。

过了几天，我在楼梯口看到陈宇被三个同学围住。其中一个我认识，就是连踩陈宇数脚的学生。这一次，他打了陈宇几拳头。陈宇刚要还手，就被其他两个学生架住，只能任由他们欺负。

我见对方人高马大，所以飞快地跑去找老师。老师赶来后，他们立马放了陈宇，乖乖跟着老师进了办公室，接受惩罚。事后，老师说我做得很对，他说同学被欺负我们肯定要帮忙，如果有危险，正确的做法是找老师和其他大人帮忙。

给男孩的贴心指南

同学之间，应该相互帮助，你帮助了别人，别人才会在你遇到危险的时候帮助你。在校园中，如果你看到同学被欺负了，请不要视而不见，一定要及时伸出援助之手，因为你的帮忙能让他的身心免受伤害。不过，你可不能贸然出手，应该讲究一定的方式。

帮忙调解

你的同学不会无缘无故受欺负，他一定和别人发生了矛盾。在事态没有发展到动手打人的地步时，你可以上前帮忙，从中调解。你要先倾听对方的诉求，再听你的同学的诉求，找到令双方都满意的解决方法。在调解的时候，一定要表现得不偏不倚，这样才能让双方信服。

找大人帮忙

当你的同学被打了，打人者人多势众且气势汹汹，你贸然上前很可能会一同挨揍。你应该立即找大人帮忙，学校的保安、老师都行。

结伴上下学

校园欺凌有时并不会在短时间内结束，你的同学会接二连三地受到欺负。你可以多喊一些同学，你们和被欺凌的同学一起上下学。当不良学生看到你们人多势众且极为团结后，就不敢找你的同学麻烦了。

做同学的“小嘴巴”

你的同学受到威胁后，可能不敢将被欺凌的事告诉他的父母和老师。但是，父母和老师往往是能最快解决问题的人。所以，你要充当同学的“小嘴巴”，将他不敢说的事大胆地告诉他的父母和老师。

安全专家解惑时间

校园欺凌屡见不鲜，它的性质恶劣，危害极大，不只被欺凌的孩子活在绝望痛苦之中，被欺凌者的家长也很自责、痛苦。而校园欺凌单靠个人的力量是很难解决的，需要大家齐心协力才能解决。所以，在看到有同学被欺凌时，一定要挺身而出。

当你的同学遭遇校园欺凌后，内心会留下创伤，他可能会变得自闭、胆小、焦虑、缺乏自信，甚至患上抑郁症。你应该主动靠近他，给予他足够的关爱和支持，安慰并开导他走出被欺凌的阴影，帮助他重新建立自信，重新燃起对未来的希望。

能带着危险物品保护自己吗？

今天上学，我的同桌李耀没有来。我很担心李耀，打算放学后去他家看望他。

我看到李耀时不禁吓了一跳，李耀鼻青脸肿，一条胳膊打了石膏。我问他怎么搞的，李耀气愤地说昨天放学后，在回家的路上，他碰到了一群蒙着脸的学生，他们向他索要钱财，他不肯给就被打了一顿。我想到这段时间都是我一个人回家，为了保护自己，我特地随身带了一把开了刃的折叠刀，平时我就把它放在口袋里。

有一天，我做完值日回家，刚出校门就碰到了那帮不良学生，他们蒙着脸，威胁我，让我把身上的钱给他们。我见他们人多，乖乖把钱给他们了，可是他们没有放我走，其中有个学生想要搜我的身。情急之下，我掏出了折叠刀。那个学生不仅不怕，反而冲过来抢我的刀。争夺中，我的折叠刀划伤了他的胳膊，其他学生见状，纷纷逃走了。我跑进学校通知了老师，将伤者送去了医院。

事后，爸妈说我带了管制刀具，我的防卫行为就会被定为防卫过当，如果我不是未成年人，会被追究刑事责任。老师也说我不该带危险物品上学，因为学校严令禁止。

给男孩的贴心指南

学校为了维护治安秩序，确保学生的生命安全，严令禁止携带各种危险物品进入校园，这其中就包括管制刀具。我国法律也有明确规定，非法携带管制刀具会受到罚款和拘留的处罚。孩子，请你遵守校园规定，不要携带危险物品进校园。防止校园欺凌的方法有很多。

尽快回家

校园欺凌往往发生在落单的学生身上。所以，放学了，你不要在学校或校外逗留，应该跟同学们一起回家。如果你的身边全是接孩子放学的家长，你一路上都和同学结伴而行，那些不良学生就不敢找上你。

家长接送上下学

当你察觉到被不良学生盯上了，不要害怕，在班级里你是安全的，他们不敢闯进你的班级欺凌你。至于上下学，你可以让家长接送。当他们发现无机可乘，时间久了就会放弃你这个目标。

学习格斗

在遭遇校园欺凌时，虽然不能用武器保护自己，但可以用武艺保护自己。你可以锻炼体魄，学习实用的格斗技巧。当不良学生发现你是个有“武功”的人，就不敢对你实施欺凌了。

多交朋友

不良学生欺凌的目标常常是没有朋友的“独行侠”，因为好欺负，风险小。你要多交朋友，朋友在你遇到危险的时候会挺身而出，你交的朋友越多，得到的保护就越多，也就越能防止被欺凌。

安全专家解惑时间

孩子，你一定很困惑，为什么法律和学校都禁止携带危险物品进校园？因为，把危险物品带去校园的弊端远远大于益处。

当你对欺凌你的人使用管制刀具时，他在极度恐慌之下会拼命与你打斗，最终的结果不是你伤亡就是他伤亡。

当你和同学发生矛盾时，情急之下，你可能会使用管制刀具。明明是一起简单的同学间的矛盾，最后可能发展成刑事案件。

别人看到你携带危险物品进学校后，也会跟风携带，那么校园就会很不安全，可能会发生很多伤亡事件。

孩子，这下你明白了吧！禁止你携带危险物品上学，既是在避免你伤害别人，又是在保护你的人身安全。所以，你要遵守法律和校园的规定，做一名遵纪守法的好学生。

遇到持刀行凶的歹徒时怎么办？

放学了，我和陈翔结伴回家。我们刚出校门，一个身穿黑衣的中年男人向我们冲过来。我看见他从口袋里掏出了一个银光闪闪的东西。我定睛一看，居然是一把刀！

“快跑！有危险！”我连忙提醒陈翔。陈翔吓得要往学校对面跑。我连忙拉住他，将他拉进了学校。我们一边往保安室跑，一边大声喊保安叔叔，告诉他校门口有持刀的歹徒。

保安叔叔的反应很快，他让我们躲到保安室里。他没有跑出去跟歹徒搏斗，而是飞快地关上了校园的大门。歹徒见进不了校园，发疯似的踹门。保安叔叔拨打了报警电话，同时观察歹徒的一举一动。歹徒见踹不开校园的大门，就将注意力转移到了校外行人的身上。

路过的行人们尖叫逃跑，不幸的是，还是有人被刺伤。后来，几个身强力壮的年轻人挺身而出，警察也迅速赶来，众人合力制服了歹徒。

给男孩的贴心指南

孩子是弱势群体之一，歹徒们可能会将孩子当成目标，选择在校门口行凶。所以，即使你在校园里，也会遇到危险。当遇到歹徒时，不要惊慌，必须保持冷静，找到自救的方法。

及时逃离

在校园门口看到有歹徒持刀行凶，不要上前围观，更不要上前劝说，因为歹徒是没有理智可言的，没准你会成为他的下一个目标。你必须以最快的速度离开现场，等安全后，再去寻求帮助。

选择正确逃生路线

在校门口遇到歹徒时，不能胡乱逃跑，你的逃生路线必须满足这样几个条件：首先，有大门做阻拦，防止歹徒进入；其次，你要熟悉逃跑的环境和路线，这便于你找到躲藏的地方，有机会甩掉歹徒；最后，你逃生的方向有能够保护你的成年人。

不与歹徒搏斗

遇到歹徒时，你不能上前与歹徒搏斗，这不是逞英雄的时候。因为歹徒手持凶器，你和他力量悬殊，贸然上前搏斗，有可能会付出生命的代价。制服歹徒的事应由成年人去做。

寻求帮助

在学校门口或在学校里遇到歹徒，可以向保安、老师求助，他们会齐心协力制服歹徒；在学校附近遇到了歹徒，要对比学校和警亭的距离，如果警亭距离你较近，可以跑向警亭，寻求警察的帮助。当然，你可以向其他大人求救。如果你身上带着手机，不管在哪里遇到危险，都要设法拨打 110，警察会以最快的速度赶来救你。

安全专家解惑时间

学校每隔一段时间，就会组织反恐防暴的安全宣讲和演练。孩子，你要认真参加，因为这能提高你的应变能力。当危险真的来临时，你能迅速地做出反应，找到最佳逃生路线。

遇到歹徒时，你要记住歹徒的相貌特征，并在第一时间向警察提供线索，只有尽快抓到歹徒，才不会导致更多的人受伤。如果发现了歹徒遗落的凶器或物品，千万不能乱动，更不能占为己有，应该通知警察来处理，因为这可能是破案的关键。

第10章

有出息的男孩，不沾这5种恶习

不和香烟"做朋友"

最近，我交到了一个新朋友。他和我一样，特别喜欢运动，我们经常一起打球、跑步、游泳。不知不觉中，我们的关系越来越好。

有一天傍晚，我们跑完步后坐在长椅上休息，他忽然从背包里掏出一个小盒子，我定睛一看是一包香烟。只见他拿出一支烟，熟练地点燃后深吸了一口。他见我一脸吃惊地看着他，又抽出了一支烟递给我。我连忙摇头，表示自己从不吸烟。然而，我的拒绝让他很生气，他对我说如果我不抽就不是他的朋友。他的威胁令我很难过，因为我不想失去他这个朋友。但是爸爸告诫过我，吸烟有害健康，而且未成年人是禁止吸烟的。所以，我还是拒绝了他。

就这样，我们不欢而散。之后的几天，我都闷闷不乐。爸爸见我心事重重，就问我怎么了，我如实告诉了他。爸爸说我做得对，他说未成年人一定要远离香烟。真正的朋友是不会用友谊来威胁我吸烟的，真正的朋友只会让我越来越好。我觉得爸爸说得很对，我的心里也就没有那么难过了。

给男孩的贴心指南

或许，你一开始觉得吸烟好玩，可以在朋友面前耍酷；或许，你在朋友的怂恿下，因为好奇开始吸烟。但是，对未成年人来说，吸烟的危害是非常大的。

正确认识吸烟

很多男孩觉得吸烟很酷，会显得自己成熟、有男子汉气概。可事实上，成熟不是刻意地模仿大人的某种嗜好或动作，而是内心成长，性格完善。而且，吸烟一点都不酷，还有害健康。每个烟盒上都印着“吸烟有害健康”的警示语。吸烟的未成年人往往被人们认为意志力薄弱，难以拒绝诱惑，缺少教养。

拒绝诱惑

当你的朋友怂恿你吸烟，说吸烟很酷，或者说你不吸，就不是朋友时，你一定要管好自己，拒绝诱惑。你要告诉自己，我是未成年人，绝不沾染这些不良习气。

保持良好的习惯

男孩应该积极向上，保持良好的生活和学习习惯，避免沾染不良习气。所以，你要避免和香烟“做朋友”，应该多参加有益的运动，比如跑步、打球、游泳等。

安全专家解惑时间

孩子，吸烟是一种不良行为，会严重影响未成年人的身体健康。因为香烟中含有大量尼古丁、焦油等有害物质，会严重影响你尚未发育成熟的呼吸系统，从而导致支气管炎、肺气肿等呼吸系统疾病。有害物质沉积在肺部后，会进入循环系统，影响心血管健康。

长时间吸烟，还会让你形成烟瘾，很难戒掉。一旦吸烟成瘾，便会没有精神，注意力不集中，导致学习成绩下降，让你被同龄人厌恶，被其他人远离和孤立，失去结交真正朋友的机会。

所以，孩子，你应该远离香烟，保持良好的生活习惯，适当地做一些有益的运动。

酒多惹人“罪”，少年勿举杯

今天，同桌过生日，我们去他家做客。他的妈妈很热情，准备了一桌美食招待我们。吃饭时，她忽然想起来没准备饮料，于是拿出几瓶果酒来代替饮料。

起初，我是拒绝喝酒的。但他的妈妈热情地说果酒的味道甜甜的，酒精度不高，完全可以当饮料喝。我和其他同学盛情难却，每人倒了满满一杯。我尝了一小口，发现果酒真的又甜又香，喝完一杯也没什么反应，后来就真的把它当饮料喝了起来。其他几个同学也喝了很多。

生日会结束后，我们结伴回家。渐渐地，我脸颊发烫，头也晕乎乎的。我见有个同学把停放在路边的共享单车挨个推倒，竟也觉得好玩，最后我们比赛看谁推倒的单车最多。后来，我隐约记得警察来了。再醒来，我已经在家里了。

当妈妈把我们做的事说出来后，我非常震惊。妈妈说酒精会麻痹我们的头脑，令我们做出反常的事来，好在我的醉酒行为没有酿成大错。这件事后，我暗下决心，以后我再也不沾酒了，哪怕是含有酒精成分的饮品也不喝。

给男孩的贴心指南

喝酒的危害很大，尤其对青春期男孩。青少年正处在生长发育的关键时期，酒精可能导致神经发育受阻。青少年的肝脏还未发育成熟，喝酒会使肝功能受损。饮酒还可能导致青少年产生暴力行为，甚至导致犯罪。

饮酒有害健康，甚至有危害生命的可能。青春期男孩正处在身体发育的时期，而喝酒却会打破身体发育的均衡，带来不可想象的恶果。所以，建议青春期男孩不要饮酒。

认识饮酒的危害

这个年纪的你，有好奇心、叛逆心，再加上有学习的压力、生活上的苦闷，于是可能会过早地尝试饮酒。可是你要知道，饮酒或许可以让你短暂放松、快乐，但后果是严重的，危险是极大的。它不仅会让你醉酒，做出冲动、不理智的行为，还会损害你的身心健康。

坚决避免喝酒

不管你是出于好奇心、好胜心，还是被别人热情地劝酒，都一定要把握好原则——坚决不喝酒，要让一切含酒精的饮品远离自己的生活。只要你讲原则、能自控，就不会沾染上这个不良嗜好。

有戒酒的决心

如果你已经染上饮酒的恶习，就必须主动地戒酒。因为你饮酒的时间不长，量也不大，所以戒酒也不是很难的事情。只要你有决心，付诸行动，多做有益运动，就一定能成功。

安全专家解惑时间

孩子，未成年人饮酒是危险的。因为你的身心尚未完全发育成熟，如果饮酒的话，会对生理功能和发育带来严重影响。酒精不仅会破坏你的肝脏、中枢神经、生殖系统，还可能导致行为失控，引起不可挽回的后果。

如果你心理脆弱或者年纪过小，时常饮酒还可能导致精神类疾病，甚至是酒精中毒死亡。所以，孩子，你一定要远离酒，不碰含有酒精的饮品。如果同伴或朋友逼迫你喝酒，那么一定要远离。

远离一切黄色视频和小说

放暑假了，在外地上大学的表哥回来了。

这天我去找表哥玩，见表哥房间的门虚掩着，我就像往常一样推门而入。表哥吓了一跳，慌慌张张地合上了笔记本电脑。之后，表哥带我去客厅看电视。我看得津津有味，他却一直低着头看手机。我问他看什么，他敷衍地说看小说。我刚要凑过去看，他立刻收起了手机。

这一刻，我更加坚信表哥的电脑、手机里有秘密。于是，我趁他不在房间，悄悄溜进去打开了他的电脑。这一看，真是吓我一跳，因为表哥的电脑里有很多黄色视频。后来在我的追问下，他也承认他看的小说都是黄色小说。

表哥很痛苦，他说自从沾染这些黄色视频和小说后，每天都过得浑浑噩噩，没有心思学习，以致学习成绩一落千丈。他也意识到自己的生活、学习一团糟，但看这些东西仿佛有瘾，怎么都戒不掉。原本我还对黄色视频和小说感到好奇，但看到表哥一脸无奈的模样，我不禁警惕起来，我一定要远离这些精神“毒品”。

给男孩的贴心指南

青春期的孩子，生理上逐渐成熟，性意识也在逐渐发展，对于性充满了好奇，对异性也会产生爱慕之心，希望通过各种渠道去了解什么是性。孩子，这是正常的，是符合心理发展规律的。关键是，你能否正确认识性，是否通过正规渠道去了解。

正确学习性知识

孩子，如果你对性产生了好奇，应该通过正规渠道，比如性教育课本、学校的性知识讲座等，了解什么是性，为什么会产生性感觉、幻想，为什么会勃起、遗精，以及如何处理与女生的关系，如何看待早恋，等等。掌握正确的性知识，树立正确的性价值观、爱情观。

给手机、电脑安装绿色软件

现在色情信息的获取门槛很低，一些社交软件、社交网站充斥着大量的色情信息，一些 App 可能隐藏着带有色情诱惑的图片。所以，孩子，你要懂得保护自己，给手机、电脑安装绿色软件，过滤掉不良信息，避免接触那些黄色信息。

不主动去浏览和阅读黄色信息

不管什么时候，都不要主动浏览黄色网站、阅读黄色信息。由于你正处于青春期，自我意识还未成熟，容易受到外部不良信息诱惑，一旦接触到这些信息，就容易沉迷其中，不能自拔。

及时消除不良情绪

如果你沉迷黄色视频或小说，要及时对自己进行心理疏导，尽可能把精力放在有益身心健康的事情上，比如运动、听音乐、与朋友聊天、旅行等。当你的情绪和心理积极乐观了，思想就会发生改变，进而改变行为，不再沉迷黄色视频和小说。

安全专家解惑时间

孩子，你必须远离黄色视频和小说，因为它对你的学习、生活以及身心健康的危害是非常大的。一旦接触黄色信息，你就容易沉迷，甚至上瘾。

这会导致一系列心理问题，比如心神不宁、焦虑、烦躁，没有心思学习、运动，甚至会做出出格的事，伤害到身边的异性。同时，沉迷黄色视频和小说，还会让你沉迷手淫，一发不可收，导致身体和心理都发生变化，不再健康。

所以，孩子，你一定要远离黄色信息，接受正确的性教育，适当地锻炼身体，保持积极乐观的心态，这样才能更健康地成长。

不参与任何有赌博性质的活动

生日那天，表哥送给我一双昂贵的球鞋。表哥是名高中生，零花钱向来不够用，怎么会有钱给我买鞋呢？

原来，现在正值英超联赛，表哥在网上下注赌球队的输赢、比分，一连赢了好几次。我很喜欢足球，也常看英超联赛，所以对每支球队的实力都有一点了解。我就让表哥带我玩。第一次我下注不多，因为害怕输钱。让我激动的是，我居然赢了。第二次，我拿出自己一半的零花钱下注。观看球赛时，我的心仿佛提到了嗓子眼儿，幸好最终我又赢了。

表哥见我运气那么好，说带我去玩黑彩。我尝到赢钱的甜头后，想也没想，把所有的钱都拿来下注了。然而这次我赌输了。我一心想把输了的钱赢回来，就向同学借钱去赌，但最终全输光了。后来，同学纷纷要求我还钱，我不禁懊悔为什么要参与有赌博性质的活动。现在回过头想想，赌博真的能让人上瘾，会让人失去理智。

给男孩的贴心指南

赌博危害青少年健康成长。沉迷赌博的人经常有侥幸心理，越是想不劳而获，越是输得倾家荡产，甚至有可能走上犯罪的道路。

现在不少孩子对于网络上的博彩类游戏情有独钟，每天都会去“试试手气”，有的还会找各种理由向父母要钱、向朋友借钱来“玩游戏”。事实上，这已经涉及赌博了。

赌博就像是潘多拉盒子里逃出来的“魔鬼”，一旦沾染上，就很难抗拒它的诱惑。因为未成年人的自控力和意志力没有那么强，再加上喜欢追求刺激，很容易陷入其中。所以，孩子，千万不要参加任何有赌博性质的游戏或活动，就连校园附近的“刮刮乐”“盲盒”等小玩意儿也要远离。

增强法律意识

赌博是违法的，你要提高自己的法律意识，不参与网络上带有赌博性质的游戏，不出入禁止未成年人出入的场所。如果有人怂恿你玩博彩游戏、赌球，一定要坚决地拒绝，并且远离这样的人。

不投机取巧、好逸恶劳

孩子，你要明白：天上不会掉馅饼，人也不可能不劳而获。你正处于大好年华，最应该做的事情是好好学习，努力拼搏出好的未来。所以，千万不要想着投机取巧，也不要好逸恶劳，否则只会陷入赌博的深渊，并毁掉自己的未来和人生。

要自重自爱

你还要懂得自重和自爱，时刻注意自己的思想变化，时刻调整自己的行为，避免贪婪、侥幸、浮躁等侵蚀自己的思想。

控制自己的零花钱

平时生活中，你要有计划地使用零花钱，并且把它用在有意义的事情上。这样一来，就不会因为一时冲动购买“刮刮乐”“盲盒”等物品，或者充值玩网上博彩游戏了。

安全专家解惑时间

作为未成年人，迷上了赌博游戏，危害是非常大的。沉迷赌博游戏之后，你很难从中抽身，不仅会浪费学习时间，严重影响学业，还可能产生很多不良心理和行为，比如贪婪、好逸恶劳、投机侥幸、不思进取等，久而久之你的人生观、价值观会发生扭曲。

而且，青少年养成赌博习惯后一般很难改掉，长大后可能成为赌徒，同时，还会染上酗酒、偷窃、打架等恶习，甚至走上违法犯罪的道路，毁掉自己的美好人生。因此，孩子，你一定要认识到赌博的危害，千万不要尝试那些具有赌博性质的活动。

生命只有一次，远离毒品

我和李牧是好朋友，通过他，我认识了他的堂弟小李。小李很早就辍学了，他去了别的城市打工。不久前，小李回来了，他约我和李牧出去玩，并说给我们尝个好东西。

再次见到小李，我无比惊讶。小李从前是个小胖墩，现在身形枯瘦，脸色黯淡无光。李牧是个吃货，一见到小李，就迫不及待地问他要给我们尝什么好东西。小李把我们带到一个偏僻角落，他紧张地环顾了四周一圈，才从口袋里掏出了几粒色彩鲜艳的药丸。我和李牧一脸疑惑，问小李这是什么。小李说这个药丸很刺激，吃了会遗忘所有烦恼。

我顿时有了一种不好的预感。因为我在电视上看过有关毒品的报道，许多吸食毒品的人会身形消瘦、精神萎靡，而小李就是这副模样，毒品中就有一种形似小李手里的药丸。在我的再三追问下，小李承认他手里的药丸就是毒品，他对我们说吃一粒不会上瘾。

我毫不犹豫地拒绝了。李牧好奇心大，说想要尝一粒。我连忙制止了他，拉着他离开了。我严肃地告诫李牧，所有毒品都会使人上瘾，生命只有一次，绝不能因为好奇去尝试。

给男孩的贴心指南

在成长过程中，男孩可能会受等不良信息的影响，对毒品产生兴趣，还可能交上不良朋友，从而间接地接触到毒品，被诱导吸毒。一旦吸毒，你的人生就毁掉了，因此，你一定要远离毒品，绝不要接触它。

不要好奇

对于毒品，千万不要好奇地尝试，也不要认为只吸一次，不会上瘾。记住，任何毒品，你一旦吸食，就会上瘾，无法摆脱它的控制。

了解防毒、禁毒的相关知识

很多孩子不是主观意识上要吸毒，而是缺乏辨别能力，不知道那个东西是毒品，不小心吸食后成瘾。所以，你要尽早了解关于防毒、禁毒的相关知识，了解现在市场上流行的一些毒品，保护自己的生命安全。

正确排解压力

一些男孩因为受到挫折或打击而接触毒品，比如考试落榜、父母离异、与朋友闹翻等。所以，如果你遇到类似的事情，或者因为某件事压力过大、情绪很坏，应该用积极健康的方式来释放和排解，而不是靠吸毒来“放松”。

提高警惕

作为未成年人，想要保护自己的安全，必须提高警惕，不去酒吧、夜店、KTV 等场所。遇到陌生人或者沾染恶习的朋友递过来的奇怪的饮料、食品，一定要拒绝。

安全专家解惑时间

很多孩子有防毒、禁毒的意识，知道要远离毒品。然而目前新型毒品层出不穷，未成年人身边出现很多伪装得很好的新型毒品，比如“开心水”“聪明药”“××潮饮”“邮票”“彩虹烟”等，让孩子们防不胜防。

这些新型毒品会伪装成饮料、零食、小玩意儿，诱惑和欺骗那些没有防范意识的孩子。这些新型毒品会让孩子精神兴奋，吸食成瘾，还可能会致幻，其危害性和成瘾性一点都不比传统毒品小。

所以，你必须正确认识吸毒的危害，可以通过学校、警方发布的禁毒短片来了解相关问题，提高对各种毒品的认识和了解。如果不小心吸食了新型毒品，一定要告诉父母，并且前往专业戒毒机构治疗。

第11章

拒绝网络诱惑，谨防各类骗局

分清虚拟和现实

过年时，叔叔来我家拜年，我看见他一直在玩游戏，觉得特别有意思。里面有各种枪支、打斗，太刺激了。叔叔让我玩了两局，我一下子就上手了。自那以后，我每天都要找时间玩两把，越打越熟练，越玩越上瘾。

寒假结束后，妈妈收起了我的 iPad，不允许我玩游戏，这让我特别失落。我开始跟妈妈“斗智斗勇”，趁她不注意，偷偷地找出 iPad 打游戏，只有在游戏里，我才是那个飞檐走壁、百发百中、无所不能的大英雄。

有一次，我中午打完游戏去上学。路上，我还在想着怎么设计线路偷袭敌人，是走直线，快速发起进攻，还是找不同的掩体，不让敌人发现，然后偷偷靠近打他个措手不及。

想到这里，我打算亲自测试一下，甚至还在盘算被车撞到会掉多少血，能够被撞几次。然而，就在我即将冲出去的一瞬间，我突然清醒过来——我是在现实世界中，如果被车撞了，我很可能会没命的！沉溺于网络游戏让我混淆了现实和虚幻，差点发生车祸，太可怕了。

给男孩的安全指南

随着手机和移动互联网的广泛应用，未成年人的成长环境更加丰富多彩，而沉溺于网络游戏的问题也越来越突出。

网络游戏有好的也有不好的。好的游戏有利于男孩通过生动形象的方式接受教育，提高学习兴趣和效率，从而提高男孩的学习主动性、积极性和创造性，满足男孩的好奇心和探索欲。而一些不好的网络游戏，比如一些充值类型的网络游戏，会让男孩产生不良的攀比心理，给生活带来不必要的负担。很多男孩沉溺于游戏中，导致无法分辨现实和虚拟空间，不仅影响了学习，还影响了正常的生活。

当你发现自己沉溺于网络游戏时，可以试试以下几点。

玩游戏时：规定玩游戏时间

每次玩游戏时，可以使用闹钟或小程序等给自己规定游戏时间，时间到了就结束。当你感觉意犹未尽时，可以做一些其他感兴趣的事情分散注意力，不要让自己的心思一直放在网络游戏上，这就减少了打游戏的时间。

总想玩游戏时：充实自己的生活

当你总想打游戏时，你要让自己的生活丰富多彩起来，培养一些有益身心的爱好。可以去唱歌、跳舞、学一门乐器或养一个小宠物。每一天都有感兴趣的事情，每一天都有新的收获，这种收获是现实的，会让你感到很充实，这时候的你就不需要通过打游戏来打发时间了。

当你控制不住想玩游戏时：向家长求助

当你控制不住想玩游戏时，可以向家长求助，制定一套奖励和惩罚的措施。当你完成目标时，家长可以给予奖励，让你更有动力；当你坚持不住玩了游戏时，家长可以给予一定的惩罚，帮助你克制自己。

安全专家解惑时间

目前网络游戏非常流行，市面上有各种各样的游戏，这让很多青少年上瘾，甚至分不清游戏世界和现实世界。

网络游戏公司为了让更多人玩游戏，获取利润，会不断改进游戏制作，创造出更有趣的故事情节、更精美的游戏画面、更逼真的游戏体验，就是为了让人们将更多的时间和金钱投入其中。

喜欢玩游戏很正常，但是也要提高警惕。如果发现自己沉迷其中，就要及时调整自己的生活，控制游戏时间。如果自我调整能力有限，就要及时求助于家长，这样就不会成为游戏中的虚拟人，而是一个健康发展的人。

此外，还要注意，沉迷游戏时不要有任何金钱的交易，网络游戏有时会告诉你充了钱会更厉害，这时一定不要付款。另外，也不要在网络游戏中透露自己的身份证号、密码、家庭住址等私人信息，保护自己和家人的安全。

警惕来路不明的链接和二维码

这天，我在家门口发现了一个快递。拆开一看，除了有个水杯，还有一张精美的卡片。卡片上写着庆祝 ×× 公司周年庆，免费赠送礼品。如果不喜欢收到的礼品，可以扫描卡片上的二维码添加客服微信，然后在他们的商城中挑选其他商品。

我用妈妈的手机扫码添加了客服。客服发来了一个链接，告诉我点开链接就能进入商城。我点开链接后，出现了一个购物页面。这时，客服说，页面上有一个抽奖活动，抽到的奖品将会直接赠送给你。我按照客服的指示参与了抽奖，居然抽中了一等奖：一台电视机。让我感到怀疑的是，客服说为了冲销量，我必须先支付，等交易成功后，他们再退还我支付的钱。其间，他不停地强调兑换奖品是有时效性的，一旦过了时间，就无法兑换了。

我一听，急了，连忙去找妈妈要支付密码。妈妈听了事情经过，果断地说这是网络诈骗。我有些不解，妈妈说，有好几户邻居收到了快递，中了“大奖”，但在他们支付后，客服和商城页面都消失不见了。过了几天，他们才发现根本没有什么奖品，也没法退款。

给男孩的贴心指南

来路不明的网站链接和二维码通常都是骗子设置的骗局，如果你点击或扫码了，可能会泄露个人信息，可能会被骗取账户及密码，造成经济损失。所以，孩子，一定要对不明链接、二维码或App保持警惕，防范网络诈骗。

不明链接不要点

微信群、短信息里不明链接以及朋友转发的“带链接信息”，一定不要点，这很可能是带有木马病毒的链接。同时，网络购物时，要仔细认清网址，通过正规渠道进入网站进行交易，不要点第三方提供的链接，以免进入“钓鱼”网站。

街头送礼物的二维码不要扫

我们经常见到“扫码领礼品”的宣传单，只要扫了二维码，加关注或进群，就可以领毛绒玩具、凳子等礼品。遇到这种情况，一定不要扫码，因为这些通常会要求你留下个人身份信息和手机号码，导致个人信息的泄露。

散发卡片或不明快递包装上的二维码不要扫

一些出于商业或其他目的散发的小卡片、传单、名片或不明快递包装上的二维码也不要扫，这些也会传播木马病毒，造成个人信息泄露。

可疑缴费二维码不要扫

如果你乱放自行车，违反交通规则，可能会面临罚款处罚。支持扫码支付的罚单是由警察现场开具并需要当事人当场签名确认。所以，如果你看到自行车上贴有缴费二维码，一定不要扫。这是诈骗二维码。

安全专家解惑时间

现在电信网络诈骗越来越隐蔽，不法分子通过各种手段，诱导人们点击设有陷阱的链接，骗取你的银行卡号或手机号、账户密码、短信验证码等信息，或者冒用你的身份进行转账，或者直接盗取你或父母银行卡内的资金。还有一些商家为了进行电话销售、出卖个人信息，散发各种二维码，引诱你去扫码，以此获取你的个人信息。

所以，孩子，生活中你一定要提高警惕，不点击来路不明的链接，不扫描各种渠道的二维码，同时不轻易将重要敏感信息泄露给他人。一旦发现上当受骗，一定要立即告诉父母，联系银行冻结银行账户，保存证据，及时报警。

游戏充值，不能获得快乐

小斌是我的好朋友，最近约他出来玩，他总是拒绝，因为他正沉溺于打游戏。什么游戏那么好玩？我怀着好奇的心理也下载了这款游戏。

这是一款多人对战游戏。我发现我的游戏人物穿着普通，装备简陋，而别人的游戏人物服饰精美，装备精良，每次出场还带有炫酷的特效。当我的游戏人物和他人作战时，十次有九次会输。后来我才知道，那些精美的服饰、精良的装备和各种特效都是可以花钱购买的。

我点开充值界面，第一次我充了几十元。但随着我的游戏人物作战能力的提升，我匹配到的对手等级也越来越高，所以我又充了一百多元。此后，我陆续充值，最后把零花钱全部花完了。

这天，小表妹过生日，我忽然想起来曾经答应过要送她一个洋娃娃，可是我没零花钱了。当小表妹用满含期待的眼神看着我时，我羞愧不已，不禁后悔为游戏充值的行为了。

给男孩的贴心指南

玩游戏可以让你放松，给游戏充值，可以让你有更好的游戏体验。然而，沉溺于游戏，给游戏充值，甚至偷偷用父母的钱给游戏大额充值，不仅浪费时间和金钱，还会玩物丧志，不利于身心发展。

树立正确的消费观念和行为习惯

父母的钱是辛苦赚来的，手机、银行里的钱并不只是一个数字而已，不能因为“我喜欢玩游戏”就胡乱花钱、充值。为了放松，你可以适当玩游戏。如果需要充值，需要和父母商量，不能私自充值。

游戏里是虚无的

正确看待游戏，不要认为游戏里自己成为英雄，生活中自己就是英雄；不要认为在游戏里赢了，在生活中也能赢。要知道，游戏里的一切都是虚无的，你花再多时间、金钱，也不可能让学习和生活变得更好，你若沉溺其中，只会虚度年华。

不随便拿父母的手机

生活中，不能随便拿父母的手机，更不能偷看父母的移动支付账户和密码等重要信息。即便你知道手机密码、支付密码，也不能用来偷偷玩游戏、充值。

提高警惕，不被诱导

很多网络游戏主播、群主会诱导未成年人充值，或者帮未成年人充值，如果遇到这种情况，一定要提高警惕，主动告诉父母，而不是偷偷充值。

安全专家解惑时间

孩子，给游戏充值不能给你带来快乐，反而会给父母带来巨大的经济损失。一些未成年人沉溺于游戏，偷偷给游戏进行大额充值，少则几百、几千元，多则几万、十几万元，随意挥霍父母的血汗钱，这是大错特错的。而且，偷偷充值与偷拿父母的钱没什么区别，可能让你养成偷盗的恶行，所以千万不能偷偷给游戏充值。

当然，与卸载游戏相比，培养自己的价值观、自控力是更重要的。你需要正确看待游戏和金钱，认识到钱是父母的，不能随意偷拿。不放纵自己，要安排好娱乐的时间，养成良好生活习惯和用网习惯。

小心“领奖”“红包”弹窗

这天，我用爸爸的电脑查找资料，忽然网页弹出了一个窗口，上面写着“恭喜你获得 8888 元超大红包，点击领取”。这个红包弹窗出现得很古怪，但我还是抱着万一这个红包是真的侥幸心理点开了窗口。

我看到了一个新的页面，页面的一角不停地滚动着获奖人的名单，上面还有成功领取红包的人的评论，比如“抱着试试看的心态领取了红包，没想到是真的。”“领取红包后，立马到账了。”……看完这些信息，我真的以为自己中大奖了，所以我按照页面显示的领取流程操作起来。

首先，我需要填写个人信息，包含姓名、身份证号、银行卡信息及手机验证码等。当我填完后，手机立刻收到一条来自银行的信息。我激动不已，以为是红包到账了。等我点开一看，是一条转账信息，说我刚刚转出了一笔钱，金额是 1 元。因为我的这张银行卡的余额是 1 元。这个时候，我才意识到我被骗了。

给男孩的贴心指南

很多孩子喜欢在微信、QQ群里抢红包，所以看到网站、游戏页面、App等上出现“领奖”“红包”弹窗也会习惯性地点击。其实，这些所谓的领奖、红包就是骗局，利用你贪便宜、没防备的心理来骗钱。只要你有一点“捡到大便宜了”的想法，就会掉入陷阱里。

不要点击

不管这些“领奖”“红包”来自哪里，不管奖品多么诱人、红包多么大，千万不要点击，不要有“万一奖品、红包是真的呢”的想法。

不要填写个人信息

这些“领奖”“红包”弹窗，通常需要你提交个人信息，包括姓名、电话号码、家庭住址、身份证号码甚至是银行卡号等。实际上，填写了这些信息也不会有红包，反而泄露了个人隐私信息，给自己带来很大的安全隐患。

不要随意填写或转发验证码

“领奖”“红包”骗局为了盗取你或你父母的账户资金，会要求你提现，然后填写手机验证码。这个时候，千万不要填写，一旦你泄露了验证码，骗子会修改你的账户密码或者直接转走你银行卡中的钱。

识别骗局

你不仅要提高警惕，还需要学会识破骗局。一般来说，假的“领奖”“红包”都有这些特征：中奖金额大，页面有广告，提现需要填写信息或验证码。

安全专家解惑时间

“领奖”“红包”弹窗是一种新型电信网络诈骗，也是我们生活中最容易接触和最容易上当的骗局形式之一。电信网络诈骗，是犯罪分子通过电话、短信、网络等方式，编造虚假信息，设置骗局，对受害人实施远程、非接触式的诈骗，诱使受害人转账的犯罪行为。

这些“领奖”“红包”弹窗包含欺诈陷阱，一旦你点击了，看到自己中奖金额很大，就会跟着诱导提示，一步步填写信息、验证码，等发现受骗时已经晚了。弹窗中还可能捆绑恶意软件、木马病毒，点击后会跳转至钓鱼网站，不仅窃取你的个人信息，还可能直接盗取你或家人银行账户中的资金。所以，孩子，你一定要小心谨慎，不要点击。

打赏网红，损失的是父母的钱

最近，我关注了一个游戏主播。他有不少粉丝，是个小有名气的网红，他不仅搞笑，游戏打得也很棒。每次看他直播打游戏，我都会热血沸腾，更让我激动的是，每次我给他留言，他都会认真回复我。所以，我成了他直播间的铁粉。

有一天，这名主播直播了一整天，其间没有吃饭。有粉丝问他为什么不吃饭，主播可怜兮兮地说没有钱吃饭了。我就偷偷用妈妈的手机给他打赏了 50 元。为了不让妈妈发现我用了她的钱，我删除了转账记录。主播看到我的打赏后，特地在直播间里感谢我，还亲切地称呼我为“家人”，这让我无比激动。

后来，主播主动添加我为好友，教我一些打游戏的技巧。每次他在直播间求打赏的时候，我都会第一时间打赏他。不久，妈妈发现了。她说我打赏主播的钱是她辛苦工作赚来的，而那些网红也不是真的惨，相反他们可能很富有。

妈妈让我统计那位游戏主播直播时满屏的打赏和礼物，我发现数额巨大。这一刻，我终于意识到自己错了。

给男孩的贴心指南

近年来，很多男孩喜欢看直播，未成年人重金打赏主播的新闻也屡见不鲜，数额之大令人瞠目结舌，少则几百、几千，多则几万、十几万。

直播，对于未成年人有巨大的吸引力。或许给网红打赏，可以满足你的虚荣心，可以让你排解内心的压力和孤独感。但是，孩子，这种靠打赏建立起来的“亲密关系”是虚假的，还会给父母带来巨大的经济损失。所以，你千万不可沉溺于打赏。

了解父母赚钱的辛苦

孩子，你还是未成年人，花的每一分钱都是父母辛辛苦苦赚来的。所以，你必须树立正确的金钱观和价值观，不能随意挥霍父母的钱。

正确认识直播和网红

直播中，很多网红的“善解人意”都是伪装的，他们的夸赞、嘘寒问暖都只是为了获取打赏、礼物而已。有些人明明知道你是未成年人，还会诱导你打赏、刷礼物。所以，你必须保持理智，不要被这些网红诱导和欺骗。

多与同龄人和父母沟通

如果你有压力、感到孤独，可以多与同学、朋友沟通，倾诉自己的不开心、忧愁，也可以坦诚地向父母说出自己的想法，争取他们的理解与支持，而不是寄情于打赏。

安全专家解惑时间

由于游戏和直播等娱乐活动具有较强的成瘾性，未成年人看直播、打赏网红，不仅会浪费大量时间和精力，还可能会沉溺于其中，导致学习成绩下降，产生攀比、不劳而获等不良心理，甚至会被一些污言秽语和不良习气所影响。

所以，孩子，你要管理好自己，让自己远离不良直播。可以多培养有益身心健康的兴趣爱好，陶冶自己的情操。使用手机或电脑时，选择“青少年模式”，这个模式会在使用时段、时长、功能和浏览内容等方面对未成年人的上网行为进行规范，有效地帮助你远离直播打赏行为。

更重要的是，你要建立正确的金钱观和网络金融意识，认识到打赏虽然是网上完成的，但是花出去的是父母辛辛苦苦赚来的血汗钱。你没有权力用父母的钱去打赏网红主播。即便是你的零花钱、压岁钱，也要树立正确的消费观，把金钱用到真正有价值的地方，不能随意挥霍。

第12章

面对陌生人，不能太单纯

帮助别人，更要防范危险

有一天，我和爸爸去晨跑。他跑得很快，不一会儿，我就落后他一大截。突然，我的肩膀被人拍了一下。我回头一看，原来是一个漂亮的阿姨。她笑着说她是外地来的游客，问我最近的餐馆在哪儿。我热情地告诉她具体该怎么走。可她总说记不住，让我给她带路，还说等到了地方请我吃大餐。

因为那家餐馆离这儿很近，根本不需要带路，所以我拒绝了她。这时，又走来一名年轻男子，他说他是她的朋友，刚刚转了一大圈，并没有看到我说的那家餐馆。他们不停地恳求我带他们去，并再三强调他们不是坏人。最终，我被他们说服了。当我说我和爸爸一起带他们去时，他们皱着眉头问我爸爸在哪儿。我指了指正朝我走来的爸爸。让我惊讶的是，他们突然头也不回地快速离开了。

当我把这件事告诉爸爸时，他斩钉截铁地说我遇到了人贩子。他说现在的年轻人在知道餐馆名字后，会用手机上的导航软件导航过去。他们匆匆离开的反常行为，也佐证了他们不怀好意的企图。

给男孩的贴心指南

做好人好事，帮助他人。这本身是一件非常好的事情。相互扶持也是和谐社会中人与人相处的方式。但如何用恰当的方法去做，这是很多人要去学习的内容。

在我们日常生活中，我们可能会遇到各种各样的陌生人，例如我们在超市里遇到的陌生人、在公交车上遇到的陌生人等。陌生人指的是我们并不熟悉的人，他们可能来自不同的地方，拥有不同的背景和经历。

对于陌生人的求助，你一定要保持警惕，防范被坏人蒙骗，尤其当求助者是成年人时要更加小心。这不仅是对你自己的生命安全负责，也是对你的家庭负责。

可以指路，不要带路

当路上有陌生人向你问路时，你可以指路，或让他去问其他成年人，千万不要自己去带路。即便是你非常熟悉的地方，即便那个地方离你很近，也不要去。

暗示家长或警察正在附近

当你发现陌生人别有用心时，不要着急和慌张，可以说“我爸爸就在前面，我和爸爸可以一起带你去”，或者说“路口有警察，你可以让警察叔叔帮你”。

尽快离开

如果陌生人纠缠你，拉着你让你带路，你要快速跑开，大声呼救引起路人的注意。

安全专家解惑时间

孩子，你的想法很简单，认为好孩子就应该热心帮助他人，对有困难的人应伸出援助之手。可是，现在社会上有很多不怀好意的坏人，正是利用你心思单纯、乐于助人的这一点来欺骗你。故意表现出很着急、很痛苦的样子，让你带路去餐馆、公园、厕所等地方，然后等到了偏僻处，把你强行带走。

你需要明白，自己还是未成年人，帮助别人的能力是有限的。成年人通常不会找孩子帮忙，因为成年人办不到的事情，孩子更办不到了。明知孩子办不到，却一直纠缠，那一定别有用心。更何况，现在人们使用手机导航软件非常方便，找不到路时，使用手机导航就可以了，何必找孩子帮忙带路呢？

拒绝来路不明的东西

周末，我和表弟去郊游。天气炎热，我带来的一壶水很快见了底。表弟跟我一样，也将水喝了个精光。我们继续往前走，打算找个小卖部买瓶水喝。然而，我们走了半个多小时，又累又渴，也没见到小卖部的影子。

忽然，一个陌生叔叔走到我们面前，他笑着问我们是不是想喝水。我点了点头，表弟却没有回应。只见这个叔叔从背包里拿出两瓶矿泉水，热情地递给我们。他说带了好几瓶水，可以分我们两瓶，还特地强调附近没有小卖部。

我接过水后，连声道谢。让我不解的是，表弟礼貌地拒绝了。等陌生叔叔走开后，表弟猛地从我手里夺走了水，严肃地告诫我不能喝来路不明的水。表弟说那个陌生叔叔不对劲儿，他刚才一直偷偷跟在我们后面，他送水的行为像是蓄谋已久。我们还发现，那个陌生叔叔给的矿泉水没有密封。表弟说即使密封了，也不能肯定这水就是安全的。我觉得表弟说得很有道理，现在的骗子太多了，我们一定要提高警惕，拒绝来路不明的东西。

给男孩的贴心指南

害人之心不可有，防人之心不可无。这是所有未成年人都应该明白的道理和坚持的处事原则。孩子，生活中，尤其当你处于陌生的环境时，一定要提高自我保护意识，不可轻易相信别人。更不要吃别人给的食物，不要喝别人给的水。男孩都喜欢吃各种各样的小零食，许多不法分子正是利用孩子们贪吃的特点，对他们进行哄骗。

即使是你认识的人，对他们也不要降低戒心。要知道很多犯罪分子都是被害人熟悉的人，正是在被害人放松戒备的时候做出违法犯罪的事情。

身为新时代的智慧青少年，要学会拒绝套路，随时擦亮眼睛，拒绝他人的诱惑。

不轻易相信陌生人

陌生人指的是我们并不熟悉的人，他们可能来自不同的地方，拥有不同的背景和经历。孩子，你可以单纯、善良，但是不能没有防范危险意识和自我保护意识。对于陌生人，你不能轻易相信，要有防备心。

礼貌地拒绝

当陌生人给你食物或水时，可以礼貌地拒绝。如果对方很是热情，可以假装接受，但是坚决不吃、不喝。

不要打草惊蛇

如果发现对方居心不良，一定不要打草惊蛇，要悄悄联系父母、警察，也可以寻找身边的同伴、熟人或可靠的成年人。同时，要细心观察，看对方是否有同伴，然后尽快离开，回到安全的地方。

安全专家解惑时间

孩子，这个世界没有你想象得那么糟，也没有你想象得那么好。很多时候，坏人会伪装成好人，利用你的单纯来欺骗你，如给你急需的食物、饮料，或利用零食诱惑你，然后进行拐骗、伤害。

所以，生活中你要学会保护自己，要拒绝来路不明的食物、饮料，以及别人所说的新奇玩意儿。同时，当你处于公共场所，身边没有朋友或同伴时，要保管好自己的食物、饮料。一旦离开再回来，就不要喝桌子上的饮料了。因为它们很可能被不怀好意的人偷偷加了迷药、毒品等。

被陌生人跟踪，怎么办？

打完球已经是晚上九点了。为了能早点到家，我走了一条没什么人走的小路。这条小路很窄，没有路灯，只能借助月光前行。这时，小路上静悄悄的，没有其他行人。突然，我听到一阵窸窸窣窣的声响，我环顾四周，没有其他人。我心里忽然有种不好的预感，在恐惧的驱使下，我不自觉加快了脚步。

这时，身后传来一阵脚步声。我快步往前走，这个脚步声也急促起来；我放慢脚步，这个脚步声也慢了下来。我心想："不会是被人跟踪了吧？"我隐约看见黑暗中有一个高大身影。我不敢停下来，生怕引起对方的注意。当听到身后的脚步声急促起来时，我猛地向前狂奔，身后的人也跟着跑了起来。我急得大喊"救命"，幸运的是，我只跑了几分钟，就跑出了小路，进入了人来人往的大路，而身后的人影也消失了。

后来，我听附近的住户说，那条小路确实有歹徒，他们经常在夜晚抢劫落单的行人。我听后不禁心有余悸，以后再也不走那条小路了。

给男孩的贴心指南

不管是外出游玩，还是上学、放学路上，你可能会遇到一些不怀好意的人，这个时候，你一定要正确地自救，保护自己。同时，你也要提升安全意识，平时多学习识别危险和自救的相关知识。

不要慌张

察觉被人跟踪，不要惊慌，要装作若无其事的样子快速往前走，走到人多的地方再想办法求助。

不要往偏僻地方跑

千万不要往小巷子、偏僻的地方跑，而应该到附近的超市、保安亭寻求帮助。如果遇到熟悉的同伴或邻居，主动和他们打招呼，与他们同行。

机智地求助和报警

如果是夜晚，或者附近没有其他人，可以大声地给父母打电话，假装对方就在附近，让对方来接自己。也可以先报警，然后再假装给父母打电话。

最好结伴而行

孩子，在上学、放学路上，或者需要经过偏僻、灯光昏暗的地方时，你最好和同学结伴而行，不要单独行动。去郊外旅行时，更不要一个人乱走。

安全专家解惑时间

孩子，生活中你可能会遇到不怀好意的人跟踪你，然后趁你不注意袭击、抢劫或拐卖你。如何发现被人跟踪呢？其实，你可以细心地观察，看对方的装扮行为是否正常，如果对方戴着帽子、墨镜、口罩，行为有些鬼鬼祟祟，那么很可能是坏人。你还可以不经意地验证一下，如突然地转弯、快速步行，如果对方也跟着你转弯、快走，那么就是在跟踪你。

如果确定被人跟踪，你一定不要慌张，要保持头脑冷静、镇定，巧妙地寻求他人的帮助。迫不得已和坏人面对面时，千万不要硬碰硬，要运用智慧，随机应变。找机会逃跑，跑向人多的地方。同时，也要记住坏人的特征，比如身高、口音、衣着、相貌以及身上的明显特征，以便报警时提供有效线索。

察言观色，识别骗子的惯用伎俩

我和小亮结伴回家，忽然，迎面走来了一个带着小孩的老奶奶。她拦住我们的去路，神色焦急地恳求我们帮帮他们。

老奶奶说她是外地人，儿子在这座城市工作。放暑假了，她带着孙子从老家过来和儿子团聚，没想到钱包、行李都被偷了。现在她联系不到儿子，和孙子已经饿了一天了，希望我们能给他们一些钱买饭吃。小亮掏钱的时候，我发现老奶奶的脸上露出了不耐烦的神情。我不禁心生疑惑，拦住了小亮。

我对老奶奶说我们带了手机，可以帮她联系家人。她皱起眉头，说不麻烦我们帮她联系家人了，只要给些钱就行。与此同时，她悄悄向跟着的小孩使了个眼色。小孩抱住小亮的腿，哭着说：“哥哥可怜可怜我们吧，给我们点钱吧！”

小亮不知所措，我却发现小孩的这套言行太熟练了，仿佛对很多人做过。很显然，这两个人是惯犯。当我说出联系警察帮助他们时，他们神色慌张，扭头就走了。

给男孩的贴心指南

骗子善于伪装和欺骗，所以，面对陌生人，你要谨慎一些，多一些防备。

与此同时，你还要了解防骗、防诈相关知识，学会察言观色，识破骗子的惯用伎俩。

不以貌取人

骗子不一定长得丑陋，好人不一定长得漂亮。孩子，千万不要以貌取人，看别人面带微笑、满脸慈祥，长得不像骗子，就轻易认为他一定不是骗子。

保持怀疑的态度

如果你觉得某个人言行可疑，要相信自己的直觉，及时远离他。

提升判断力

孩子，你要提升判断力，根据观察的实际情况来判断陌生人是好人还是坏人。同时，不要同情心泛滥，只要看到别人哭泣，就不假思索，轻易相信。

了解坏人的惯用伎俩

假装丢了钱包，只要钱，不要食物；假装是你父母的朋友，说接你去与父母会合；假装着急上厕所，让你带他去厕所……这些都是骗子的惯用伎俩。所以，你要加强防骗意识，了解常见的欺诈行为，保护人身财产安全。

安全专家解惑时间

孩子，面对陌生人，你的戒备心应该加强，不要轻易相信陌生人。同时，你必须明白，坏人并不等于面相丑陋的人，有的坏人看上去和蔼和亲、热心体贴。但是，只要是坏人，就一定会露出破绽。如果一个人面带微笑，但是不经意间眼神飘忽、东张西望，那一定是言不由衷，故意伪装自己。如果一个人表现得友善，但是偶尔露出不耐烦、厌恶的神情，那他肯定另有所图。

所以，与陌生人沟通，不要只听他说什么话、表现出什么样，而一定要善于察言观色，保持高度警惕。

面对小便宜，不贪心就不会受骗

我是个动漫迷，喜欢收藏动漫模型。一天，我在街头看到有人出售动漫模型。他说他是个动漫迷，因为家中动漫模型多到放不下了，才决定出售一部分。他带来的动漫模型只有几个，但都是崭新的，而且都有防伪标识，应该是正版的。

他标的价格远远低于市场价，所以我想也没想就把他带来的模型都买了下来。当我准备离开时，他忽然叫住我，说他明天还会出售一部分限量版的动漫模型，问我要不要。我听后激动不已，连忙点头说要。我向他保证明天一定过来购买，可他却露出了为难的表情，他说如果有其他人先来购买，他不方便为我保留，他提议我付钱预订。为了打消我的疑虑，他将电话号码和家庭住址都给了我。最终，我在低价的诱惑下，将钱提前支付给了他，并约定明天还在这里见面。

第二天，过了约定时间，对方还没来。我不禁担忧起来。后来，我拨打他的电话号码，没想到是空号。我抱着最后一线希望按照他给的家庭住址去找他，结果根本就没有这个小区。此刻，我心里无比后悔，如果我不贪小便宜就不会被骗！

给男孩的贴心指南

贪小便宜，吃大亏。这是亘古不变的道理。孩子如果有了占小便宜的心理，就会常常经不起诱惑上当受骗。很多被骗去财物的人，大多是因为贪图便宜才让骗子得手的。因此，不管什么时候都不要贪小便宜。

贪心要不得

很多人上当受骗，就是因为贪心，想吃“免费的午餐”，想用最小的代价获得最大的财富。所以，想要避免上当受骗，你需要摒弃贪心，保持平常心。

不盲从

盲目从众，也是很多人上当受骗的原因之一。人家都买了，我为什么不能买？这么多人都买了，就不会受骗了吧？其实，很多骗子就是利用人们的从众心理来进行诈骗的。

征求朋友或父母意见

遇到可以占便宜的“好事”，不要马上做决定，可以和朋友聊一聊，或者征求父母的意见。如果大家都认为没问题，你再行动，就不容易受骗了。

警惕别人的“热情”

如果有陌生人突然对你特别热情，极力劝说你做决定，或只说一些好话，那么，你就要多加小心了，他这样做可能只是想让你放松警惕。

安全专家解惑时间

尽管现在人人都知道要防诈骗，但还是有很多孩子甚至成年人被骗。其实，这不是骗子有多聪明，也不是你有多傻，只是因为骗子抓住了你贪心的心理。所以，面对小便宜，不管是生活中的还是网络上的，你都要保持理智，绝不能放纵自己的贪心。对待那些小利小惠、“小投入，大回报”的东西，一定要保持警惕。

同时，你要增长自己的见识，识别那些所谓的“便宜”是真是假。不要去做超出自己能力和认知的事情。

守口如瓶，这些不能说

这天，我和小凯在小区附近打羽毛球。忽然，一个陌生的阿姨闯入了球场。

我见她神色匆匆，四处张望，问她有什么事。她笑着向我问路，她要去的恰好是我住的小区。我没有多想，就详细地告诉她怎么走。然而奇怪的是，她没有马上离开，而是笑着和我聊起了天。

她说来这儿是探望朋友的，她朋友家也有一个和我年龄相仿的男孩，没准我会认识。我一听，忙问她男孩叫什么名字，她皱着眉头想了会儿，说想不起来了。之后，她问我们叫什么，多大了，住哪儿，在哪里上学。我仍然没有多想，爽快地告诉了她我的名字、年龄。当我说其他个人信息时，小凯突然捂住了我的嘴，然后笑着问陌生阿姨她朋友家的具体住址。她支支吾吾说了一个门牌号。小凯一脸警惕地看着她，说他认识这户人家，这家只有一个独居老爷爷。她神色变得局促起来，借口有事，匆匆离开。

这时我才意识到，她在故意套我信息，肯定想干坏事。

给男孩的贴心指南

在当今社会，信息泄露已经成为一个普遍存在的问题。在日常生活中，你要对陌生人保持高度警惕，不要轻易和陌生人说话。即使和陌生人说话，也要知道什么该说，什么不该说，要保护好自己和家庭的隐私，避免信息泄露为生活带来重大损失。

个人信息不能说

不管在什么时候，都不要轻易和陌生人说自己的个人信息，包括姓名、年龄、家庭住址、学校、班级等。

父母信息不能说

不要和陌生人说父母的信息，包括父母的姓名、电话号码、工作地址、工作性质、薪资情况等。

私密信息不能说

除了基本信息，个人的社交账号密码、自己家的开门密码、父母的银行卡密码、信用卡密码、微信支付密码等重要信息千万不能泄露。

个人计划和行程不能说

孩子，你的近期个人计划和行程也是不能向陌生人泄露的，包括上下学的路线、近期的旅行计划、行程安排等。

安全专家解惑时间

孩子，个人信息和家庭信息都属于个人隐私，是不能向家庭以外的人员泄露的。如果你随便把这些隐私信息告诉别人，可能会危及自己和家人的财产及生命安全。比如，泄露家庭住址、父母的基本信息，可能被坏人跟踪、偷盗、抢劫，给自己和家庭带来危险；泄露个人身份证号码和银行卡密码，会让坏人有机可乘，父母账户里的钱可能会因此不翼而飞。

所以，孩子，你需要学会如何防范危险、提高对陌生人的警惕，不要因为别人套近乎，就随意说出自己和家人的信息。同时，在生活中也要懂得保护这些隐私信息，不要在网吧登录个人社交软件、网上银行 App，不要使用公共场所的 Wi-Fi。

为了安全，你可以合理怀疑任何人

那天放学，做完值日后，我像往常一样步行回家。

街上行人很多，我一边走一边踢路边的小石头，玩得不亦乐乎。正在这时，一个看上去比我矮一些的小男生突然凑到我身边，开始和我搭话。他问我：“你也是一小的吗？”我转头打量了他一番，瘦瘦小小的，穿着和我一样的校服，背着一个大书包。我点点头，回答：“是啊。”他又问：“你家离这儿远吗？”我有些警惕起来，随口敷衍说：“还行。”之后，这个小男生又和我东拉西扯地说了半天话，然后突然问道：“你有钱吗？”我心里“咯噔”一下，总感觉他有些奇怪，于是故意抱怨说：“我妈都不给我零花钱，怕我在外面乱买东西吃，不卫生。反正我家离得近，公交车都不用坐……哎，我家就在前头了，先走了啊！”

那天的事情我并没有放在心上。直到后来，听说学校里有学生在放学路上被人骗到巷子里勒索，我顿时就想起了那个奇怪的小男生。虽然我并不确定这件事和他有没有关系，但还是很庆幸，因为自己一直对他有所防备。

给男孩的贴心指南

生活中，很多男孩过于单纯和善良，缺乏安全意识，认为所有人都是好人。容易相信别人，以致上当受骗而不自知。所以，孩子，你要学会提高警惕和防范意识，懂得如何有效地保护自己。

对陌生人保持警觉

绝大部分陌生人是善良、友好的，但是不排除少数人有恶意或不良动机。对于主动接近你的陌生人应该保持警觉，不管对方是孩子还是老人。如果感觉这些人行为奇怪，让你感觉不舒服，要相信自己的直觉，想办法远离。

观察言行，识别其真实意图

很多不怀好意的人善于伪装，表现出友善、和蔼的样子。这个时候，你需要仔细观察他的言谈举止，如果发现言行不一致，或者表里不一，就要提高警惕了。

建立个人边界，保护个人安全

对于陌生人，你要保持安全距离，不要让他突破你的个人安全距离或打探你的个人隐私。人与人交往，是有安全距离的。陌生人之间，通常保持 1.2 米以上的距离，才是合理的。

及时寻求帮助

如果你察觉陌生人不怀好意或者自己可能有危险，要保持冷静，巧妙地寻求附近的人帮助，或者报警。

安全专家解惑时间

对于每个男孩来说，成长是一种历练，也是一种挑战。你需要面对学习、生活和社交上的压力，也可能面临各种潜在的风险和威胁。因此，男孩要培养自我保护的意识和习惯，与陌生人交往时，应保持警惕，学习基本的自我防卫技巧，提高应对紧急情况的能力。

提高警惕，合理地怀疑任何人，包括小孩和老人，这样才有助于你预防潜在的危险，避免自身安全受到侵害；学习自我防卫技巧，提高应对紧急情况的能力，才能在遇到不怀好意的坏人时，识别其真实意图，有效地保护自己。

当然，你需要保持警惕，但是不应该过度怀疑他人，或因为惧怕受到伤害而拒绝与人交往。保持理性，提高安全意识的同时，积极地进行社交，才是明智的做法。

第13章

意外来临时，请保持镇定

牢记地震自救“黄金 12 秒”

这天晚上，我和爸妈正在看电视，平时温顺的小狗突然叫个不停，焦躁地来回跑动。突然，电视上出现了一个“地震预警”的弹窗，信息显示再有 30 秒地震就会来临。爸爸猛地起身，对我们说赶紧出去。

妈妈往卧室跑，要去拿贵重物品。我也想去卧室拿零花钱。爸爸急忙拦住我们，说情况危急，逃命要紧，不要管身外之物。就这样，我们被爸爸拉出家门。

邻居们不约而同地走楼梯逃生，我们带着小狗也跑向楼梯间。我心想：“电梯下降的速度远比走楼梯快，为什么不乘电梯呢？”下楼的时候，有人不停地提醒“靠墙走”“不要挤”，在这个声音的指挥下，我们用最快的速度下了楼。

爸爸带着我们跑向空旷的地方。忽然，大地一阵晃动，我的身体左右摇晃，爸爸提醒我们赶紧趴下。过了一会儿，大地停止了晃动，但是大家都没有回家，爸爸说这是为了防止有余震。在等待期间，爸爸告诉我很多地震自救的方法。

给男孩的贴心指南

地震是一种可怕的自然灾害。从地震发生到房屋坍塌通常只有12秒，这也被称作“黄金12秒”。所以，孩子，你一定要掌握有关地震的知识，学会如何在这12秒内进行自救。

寻找掩体

地震时，如果在室内，要立即蹲下，寻找掩体，可以钻到写字台、桌子下面，也可以紧贴着承重墙，蹲在房间的角落，用双臂护住头部。手要抓住固定物，不要钻到衣柜中。

如果在室外，要远离建筑区、大树、路灯和电线电缆。

远离坠落物

不要站在窗边和阳台上，远离吊灯、电扇等可能坠落的物品，以免被坠落物体伤害。

千万不要乘电梯

逃生时，千万不要乘坐电梯。地震会导致断电、电梯缆绳断裂，此时乘坐电梯会有被困和坠落的风险。不要跳楼，跳楼会造成更大的伤害。不要贪恋财物，因为生命比财物更珍贵。

不慌张，有序逃生

如果你身处商场或电影院等人员密集的公共场所，一定不要慌张，不要拥挤外逃。就近寻找掩体，等晃动停止或结束后，听从现场管理人员的指挥，有序逃生、疏散。

安全专家解惑时间

孩子，地震来了，你一定要学会如何保护自己，如何进行自救。伏地、遮挡、手抓牢三步法则是最常用的应急措施。

除了地震发生时利用“黄金 12 秒”进行自救，你还需要了解如何在地震预警发出后进行自救。现在绝大部分手机、网络电视可以设置“地震预警”，时间为 20 秒或 30 秒。如果听到预警，要立即采取措施，躲藏或逃生。

地震是由地震波的波动引起的，是有频率的。大地晃动时，最好不要乱动，等地震暂停后再逃生。万一不幸被埋，要冷静下来，不能乱动，要保持体力。用衣物捂住嘴巴、鼻子，避免吸入灰尘。听到有人来救援，要大声求救。如果发不出声，要用砖头、木头等敲击，发出响声。注意，呼救时要注意保持体力，听到动静再大声呼救或发出声响。如果手机在身边，可以发信息求救，告知自己所处位置。如果没有信号，要保留手机的电量，等有信号再求救。

必须要知道的火灾逃生知识

这天，表弟来我家做客。大人们在客厅聊天，我和表弟在房间里玩。表弟得到了一个新玩具，是一个放大镜，他最近学习了放大镜的原理，所以正独自在窗台边研究凸透镜聚光的特性，我则在书桌上拼新买的拼图。

忽然，我闻到一股焦煳味，表弟也突然大喊“着火了”。我往窗台看去，只见窗帘烧着了。我们立即大喊：“着火了！快来救火！”大人们听到动静，立即跑过来，没想到这么一会儿的时间，半个窗帘就被烧没了，房间里也浓烟滚滚。幸好当时家里有大人，他们齐心协力，终于把火灭掉了。

事后，爸爸妈妈告诉我，发现着火，如果火势较小，可以使用灭火器、水等来扑救；如果火势较大，必须拨打 119 火警电话，请消防员来救火。同时，不要鲁莽地自己去救火，而是应该快速逃生，保证自己的生命安全。

给男孩的贴心指南

俗话说“火灾猛如虎”。孩子，火非常可怕，会把一切都烧为灰烬，会危及你的生命。而且，火势从小到大是非常迅速的。所以，千万不要玩火，要学习消防防火知识，同时掌握火灾自救和逃生的知识，确保自己的生命安全。

熟悉环境，及时逃跑

如果家中起火，你要快速离开房间，跑到安全的地方。如果是在商场、酒店，要留心疏散通道，熟悉逃生的路线，知道若起火如何快速安全地逃离火场。

了解消防知识，懂得如何正确救火

你应该掌握防火安全知识，知晓如何使用灭火器，懂得如何正确地灭火。比如，电器着火，千万不要用水来灭，要先断电，再用干粉灭火器灭火；油锅着火，也不能用水来灭，要先关闭灶台开关或煤气阀门，再盖锅盖。

及时拨打119火警电话

孩子，一旦发现着火，一定要立即拨打119火警电话，告知消防员地址、什么东西着火、火势大小、有无被困人员等信息。

保持镇静，正确逃生

遇到火灾，一定要保持镇静，正确逃生。不要盲目跳窗，不要贪恋财物，不要乘坐电梯，要寻找有效的逃生通道。

安全专家解惑时间

发生火灾，扑救很重要，但是正确、及时地逃生，保护自己的生命安全更重要。可惜，很多孩子由于平时未接受消防知识教育，一旦遇到火灾，便仓皇失措，以至于越慌越错。所以，你要掌握火灾逃生知识，正确地进行自救。

不管火势大小，一定不能慌张。除了报警，还可以向外呼救，比如大声呼喊、挥舞颜色鲜艳的衣服等。火势太大了，可以躲到卫生间，用水淋湿被子，披在身上，等待救援。

如果有浓烟，千万不要低头乱窜、乱跑，要辨清方向，弯腰、用湿毛巾捂住口鼻来逃生。开门前，发现门把手烫手，一定不要打开房门。

火烧到身上，不要扑打，要尽快脱掉衣物或就地打滚儿来灭火。

野外探险，迷路走失怎么办？

假期来了，我和小勇决定到郊区的森林公园游玩。一开始，我们按照景区规划好的路线行走，后来，小勇说这太无聊了，提议到未开发的地方探险。我也来了兴致，和小勇怀着好奇心向森林深处前进。

大约走了 30 分钟，我们发现这里确实比已经开发的景区有趣，还发现了很多美丽的野花、鲜艳的蘑菇以及没见过的昆虫。我们玩得很尽兴，不知不觉，忘了来时的路，也不知道走了多远。

我发现自己辨不清方向了，顿时惊慌起来。小勇也着急了，到处乱走，想找到来时的路。可是，越着急越找不到方向，越找不到方向越惊慌失措。我强迫自己镇静下来，让小勇一起坐下来，避免消耗过多体力。我们商议着，先找到北，小勇想起地理书上说，树木朝南的方向，枝叶茂盛；朝北的方向，枝叶稀疏。我也想起书上说，岩石北面较湿润，长有青苔……

很快，我们找准了方向，然后回想之前走过的景点，一直往北走。一个多小时后，终于回到了景区规划好的小路上，安全脱困。

给男孩的贴心指南

男孩天生有一颗好奇的心，都喜欢探险，有时和父母一起，有时和同伴结伴同行。不过，只要探险，就有可能迷路，被困于野外。所以，男孩有必要掌握一些野外生存的技能，知道在野外迷路、受伤时应该如何自救。

及时呼救

如果你和同伴一起探险，和同伴走散了，要立即停下步伐，大声呼喊同伴的名字，回想是在什么地方走散的。如果有手机，要看手机有没有信号，电量怎么样，尝试着拨打 110；如果没有信号，可以就地寻找高地，搜索信号。

正确地判断方向

可以根据太阳位置、指南针等来判断方向。比如，利用树枝茂密程度、树桩年轮的疏密以及北极星来辨别方向。

寻找被踩过的痕迹

可以看看周围有没有被踩过的痕迹，如果有别人的脚印，说明有人曾由此经过，你可以跟着足迹走；如果是自己的脚印，可以沿着原来的路返回。你可以用树枝、石头画好箭头，做好标识，方便同伴寻找和救援人员救援。

正确处理伤口

在野外迷路，可能会不小心受伤。不管是同伴受伤，还是你自己受伤，都要正确、及时地处理伤口。先用清水冲洗干净，再用衣物、布条简单包扎、止血。如果骨折，要用树枝捆绑、固定，避免伤情加重。

安全专家解惑时间

如果你想要探险，在监护人的指导下，提前做好充分准备，准备好指南针、水、工具刀、手电筒、防蚊喷雾等物品，以保障自己人身安全。

其实，迷路本身也不可怕，迷路之后的错误行为而导致的意外受伤、滑坠、失温等事故才是可怕的。所以，除了要正确辨别方向，你还要预防意外事故的发生。

如果与家人一起探险，千万不要分散行动。要走大路不走小路；不要走夜路，天黑了，要就地休息、扎营。

只有你掌握野外求生技能，正确对待迷路，才可以最大程度地避免事故发生。

被歹徒袭击，不要慌张

今天，我被歹徒袭击了！放学后，我像往常一样与同学然然结伴回家，路过一家饭店时，突然从里面冲出来一个女人，头上、脸上满是血，一边跑一边大喊："砍人啦！救命啊！"紧接着，一个男人也冲了出来，手里拿着菜刀，胡乱地挥舞着。我和然然吓呆了，眼看男人冲过来，立即往后跑。然然跑开了，我却被男人抓住。好在他没伤害我，只是冲着那个女人大声喊叫着。我吓傻了，只听见男人大喊，听不清楚他喊什么。

我非常害怕，想要逃跑，用力地挣扎着，男人大喊："不要动！再动我就砍死你！"我怕激怒男人，哆哆嗦嗦地待在原地。很快，警察赶到了，周围也围了一圈人。警察安慰我不要害怕，不要反抗，我慢慢地冷静下来。冷静之后，我知道男人并不是要伤害我，否则他早就用刀砍我了。于是，我央求他，说我很害怕，我是无辜的，求他放了我。我还告诉他，伤人不能解决问题，只会让自己犯罪。

后来，男人也醒悟了，慢慢地放下刀，被警察冲上来制服了，我也得救了。

给男孩的贴心指南

孩子们，生活中隐藏着各种危险。当危险来袭，比如突然被歹徒袭击时，你一定要保持头脑镇定。而且，你还要学会如何自救，而不是胡乱地跑，或愣在原地，更不能激烈地反抗。这都会让你受到伤害，甚至带来生命危险。

跑，立即跑

遇到歹徒袭击，或看到歹徒拿着凶器向自己冲过来，一定要拼命地跑，边跑边大声呼救。千万不要愣在原地，更不要企图凭自己的力量与歹徒搏斗。

正确地逃跑

一定要往道路畅通的地方奔跑，可以往教室、保安室、超市、饭店等地方跑，找最近的房间，跑进去，关门上锁；也可以绕着大树、桌子等障碍物跑。

有效躲避

如果歹徒离你很近，企图用凶器袭击你，你要有效躲避，避免要害部位受到袭击。可以用书包阻挡，或者拿起身边所有能拿到的东西阻挡，比如树枝、凳子、木板等。

正确呼救

大声呼救，但是不要只是“啊”“啊”地大叫，要明确地大声喊“救命”。

安全专家解惑时间

遇到突然袭击事件，正确地自救是非常重要的。但是，你一定要记住，镇定、冷静才能保护自己的生命安全。你是未成年人，力量不足以和歹徒抗衡，所以千万不要盲目地反抗，也不要用言语激怒他。

即便行凶的人不是真正的坏人，只是因为激愤伤人，也可能会被你的言语激怒，做出冲动的行为，伤害你的生命。

另外，千万不要逞英雄，企图与歹徒搏斗，营救被挟持的同伴。这只会让你处于危险之中。

遭遇交通事故，如何自护自救？

周末，我骑自行车上兴趣班，路过某个路口时，看到绿灯还有2秒，便拼命加速，想要闯过去。谁知，一辆汽车正在右转，我来不及刹车，砰的一声，与汽车撞在一起。

因为我的车速太快了，汽车车速也不慢，我和自行车都被撞飞了，又重重地摔在地上。

我感觉浑身疼，尤其是左腿，我尝试着动一下，但是动弹不得。司机立即下车，询问我受伤情况。我说我的左腿好像骨折了，让他帮我打120急救电话。司机立即拨打110报警电话和120急救电话，并嘱咐我千万不要乱动。

很快，120急救人员赶到，他们帮我包扎了伤口，把我抬上了担架，送到医院治疗。事后，爸爸妈妈批评我骑车不注意交通安全，告诫我不能骑太快，不能抢绿灯。

给男孩的贴心指南

交通安全无小事，每一起交通事故的发生都会对肇事者自身及其家人、被害人及其家人、社会造成严重影响。孩子们在出行时要遵守交通法规，不闯红灯、不翻越隔离栏。步行时在人行道内行走，没有人行道，建议靠右边走。行走或骑车时不看手机、不听音乐。不在马路边或车辆盲区内追逐、嬉戏。过马路的时候，如果走到一半红灯亮起，可停在路中间安全岛或道路中心线位置等待下一个绿灯，千万不要向前猛跑或向后折返。

男孩在遵守交通法规的同时，还要学习一些自护、自救的常识，这样，当意外来临时，你才能够最大程度地保护自己。

遵守交通规则

不管是步行还是骑车，都必须遵守交通规则，不闯红灯、不逆行，不要骑太快。要避让机动车，不要抱着“汽车不敢撞我”的想法。

及时报警，及时撤离

步行或骑车被撞，要及时报警，不要私了，不要独自离开现场。如果受伤较轻，要与事故车保持距离，撤离到路边，避免被其他车辆撞到，再次受伤。

不要乱动，等待专业救援

如果不幸受伤，感觉身体某个部位异常疼痛，千万不要乱动，要大声说明自己的情况，等待120急救人员来救治，避免二次伤害。如果身体被挤压、夹嵌在车内，或被汽车轮胎轧住，不要硬拉硬拽，要等待专业救援人员来施救。

安全专家解惑时间

对于孩子来说，遭遇交通事故是非常可怕的，可能会使你严重受伤，严重的话会危及生命。正因为这样，你才要懂得如何在遭遇交通事故时保护自己，健健康康地成长。

乘车时发生交通事故，要迅速护住头部，避免头部被猛烈撞击。可以用力抱住前方椅背，用手臂护住头部和颈部。如果受轻伤，想办法尽快离开。如果被困车中、车辆着火，要找尖锐的东西砸破玻璃，从车内逃到车外。

车辆行驶中发生事故，不要盲目跳车，要在停下后再撤离。车辆落水时，要尽快找到铁锤或尖锐器械，把侧窗玻璃敲开，尽快逃生。记住，要敲玻璃窗的四角，这样容易击碎玻璃。